自然科学新启发丛书

主　编　姚宝骏　郭启祥
本册主编　左志凤

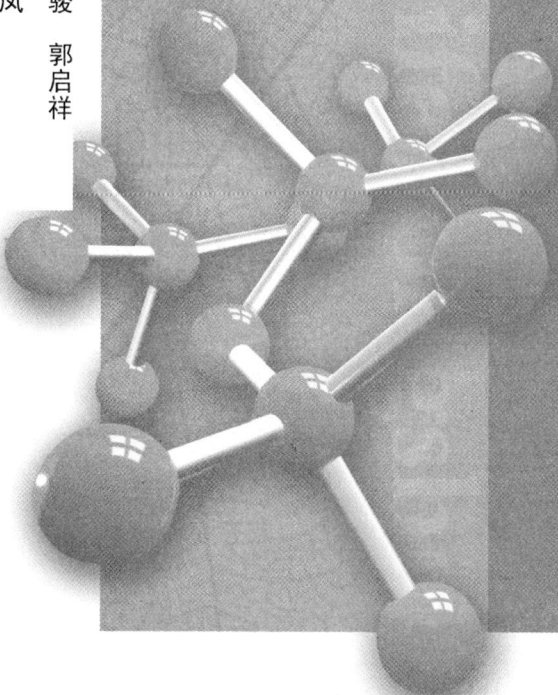

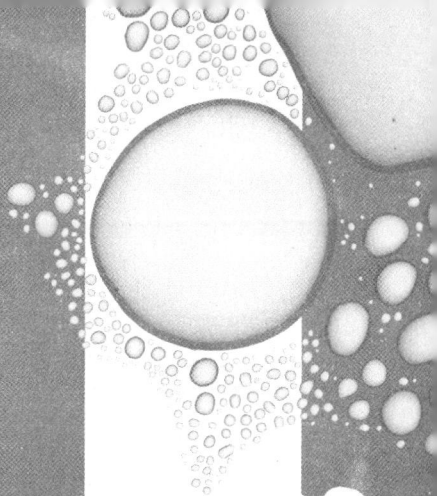

神奇的细胞

shenqi de xibao

百花洲文艺出版社
BAIHUAZHOU LITERATURE AND ART PRESS

致同学们

亲爱的同学们：

在自然界中，几乎所有的生物都是由细胞构成的，人类也是同样的。据科学家估计，人体大约共有10万亿个细胞。

细胞的个头非常微小。一般来说，我们用肉眼是观察不到细胞的。那么，怎么才能观察到细胞呢？人们发明了显微镜之后，这一难题就被解决了。通过显微镜能够将物体放大几百倍，甚至几千倍。微小的细胞通过显微镜就能被我们观察到了。

虽然细胞非常微小，但是，它的结构可不简单，甚至可以说是非常复杂。我国著名的细胞学家翟中和教授曾经说过一句话："我确信哪怕一个最简单的细胞，也比迄今为止设计出的任何智能电脑更精巧。"由此可见，细胞的结构有多么复杂了。

正是因为细胞复杂的结构，人们将它形象地比喻成工厂。在这本书中，牛牛将带领大家参观神奇的"细胞工厂"。在第一章中，牛牛将介绍神奇的"细胞工厂"是如何被人们发现的。在第二章中，将介绍细胞工厂的"围墙"以及"细胞工厂"生产的"产品"是如何运出细胞的。在第三章中，牛牛将带大家参观"细胞工厂"中的各个车间。比如，动力车间、养料制造车间、生产车间、产品加工车间……在第四章中，牛牛将介绍形形色色的"细胞工厂"，让大家了解各种不同的细胞。从人一出生起，就和细胞结下了不解之缘。还有生活中的癌症又是怎么一回事呢？这些问题牛牛将在第五章中揭开谜底。

走吧，参观神奇的细胞之旅马上就要开始啦！

你们的同学：牛牛

目录
mulu

第一章　走进神奇的 "细胞工厂"

　　现在，我们大家都知道很多生物都是由细胞组成的。我们常常会说"生水里有细菌，喝了会肚子痛"，"手上有细菌，饭前要洗手"等等，但是，在显微镜发明之前，人们对细胞一无所知，对于我们周围无处不在的微小生物根本毫无察觉，甚至不知道它们的存在。随着技术的进步，显微镜发明之后，人们开始向动植物的细微结构探索进军。

　　在本章内容中，我们将一起去看看科学家们是怎样逐步发现细胞的，并且去了解一些关于细胞的知识。

发现细胞

显微世界的开拓者——列文虎克

1632年10月24日，列文虎克出生于荷兰代尔夫特市一个酿酒的工人家庭。他幼年没有受过正规教育，16岁的时候，到阿姆斯特丹一家布店当学徒，20岁回到了代尔夫特自己经营绸布。中年以后被代尔夫特市长指派做市政事务工作。这种工作收入不少且很轻松，他有充裕的时间可以做自己想做的事情。

列文虎克

一次偶然的机会，他从一位朋友那里得知，荷兰最大的城市阿姆斯特丹有许多眼镜店，可以磨制放大镜，用这种放大镜，可以把看不清的小东西放大，并让你看得清清楚楚。强烈的好奇心驱使列文虎克到眼镜店去买一个，但是当他到眼镜店一问，价钱却贵得吓人，只好作罢。他从

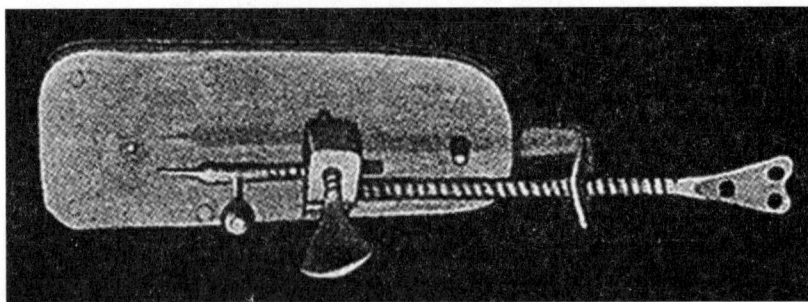

列文虎克的显微镜

眼镜店出来，恰好看到磨制镜片的人在使劲地磨着。于是列文虎克就下定决心要自己磨制一个出来。从那时起，列文虎克利用自己的充裕时间，耐心地磨制起镜片来。

列文虎克经过辛勤劳动，终于磨制成了小小的透镜。但由于实在太小了，他就做了一个架子，把这块小小的透镜镶在上边，看东西就方便了。后来，经过反复琢磨，他又在透镜的下边装了一块铜板，上面钻了一个小孔，以使光线从这里射进而反照出所观察的东西来。这就是列文虎克所制作的第一架显微镜，它的放大能力相当大，竟超过了当时世界上所有的放大镜，列文虎克有了自己的显微镜后，对任何东西都感兴趣，都要仔细观察。列文虎克将他发现的这些微小的生物称为"狄尔肯"。当他把身边和周围能够观察的东西都看过之后，便又开始不大满足了。他觉得应该再有一个更大、更好的显微镜。为此，列文虎克毅然辞退了公职，并把家中的一间空房改作了自己的实验室。几年以后，列文虎克所制成的显微镜，不仅越来越多和越来越大，而且也越来越精巧和完美了，以至于能把细小的东西放大到两三百倍。

列文虎克的工作是保密的，他从不允许任何人参观。直到有一天，格拉夫的到来改变了这一切。格拉夫既是代尔夫特城里的名医，同时也是英国皇家学会的通讯会员。列文虎克热情地接待了这位知名的客人，并拿出自己的显微镜请格拉夫观看。不看则已，看完之后格拉夫严肃地对

他说："亲爱的，这可真是件了不起的创造发明啊！"并让他把这项成果送到英国皇家学会去。

在1673年的一天，英国皇家学会收到了一封厚厚的来信。打开一看，原来是一份用荷兰文书写的、字迹工整的记录，其标题是：列文虎克用自制的显微镜，观察皮肤、肉类以及蜜蜂和其他虫类的若干记录。当时，在场的学者们看了标题后，有人开玩笑说："这肯定是一个乡下佬写的，迷信加空想。这里边说不定写了些什么滑稽可笑的事呢！"但是，当他们读下去的时候，却一下被其中的内容牢牢地吸住了。显赫的皇家学会，觉得这又是件太令人不可思议的事了，以至于不得不委托专人为皇家学会弄一个质量最好的显微镜来，以进一步证实列文虎克所报告的事实是否真实。经过几番周折，列文虎克的科学实验，终于得到了皇家学会的公认。列文虎克的这份记录被译成了英文，并在英国皇家学会的刊物上发表了，列文虎克也很快成了皇家学会的会员。

1723年8月27日，91岁高龄的列文虎克在代尔夫特的老家，安静地离开了人世。在他辞世之前，他托人将两封信和一大包东西寄往英国皇家学会。其中一封信上详细地写着显微镜的制作方法。另一封信却这样写道："我

从50年来所磨制的显微镜中，选出了最好的几台，谨献给我永远怀念的皇家学会。"

他观察过昆虫、狗和人的精子以及红细胞，还有一些细菌，这些微小的东西都被他称为了"狄尔肯"。尽管他缺少正规的科学训练，但是，他却是第一个利用显微镜看到微生物的人。他根据用简单显微镜所看到的微生物而绘制的图像，今天看来依然是正确的。

最早提出"细胞"的人——罗伯特·虎克

列文虎克用自制的显微镜观察到了用肉眼看不到的微小东西，他称这些微小的东西为"狄尔肯"。在我们今天看来，"狄尔肯"实际上就是我们所说的细胞。"细胞"这个词语最早是由英国科学家罗伯特·虎克提出来的。

罗伯特·虎克是一位著名的科学家。他不仅仅在生物学方面有很高的造诣，且涉及的领域非常广，有物理、化学、机械制造、天文观测、地震、海洋、城市建筑设计等方面。

他于1635年7月28日出生在英格兰南部怀特岛的弗雷施瓦特。虎克从小体弱多病、性格怪僻，但是他却非常喜欢学习，非常聪明，酷爱摆弄机械，自制过许多东西。1653年，虎克进入牛津大学的里奥尔学院学习。后来在他二十岁的时候，他加入了以威尔金森为核心的科学家俱乐部，在这个俱乐部里他认识了著名的物理学家波义耳，并当上

了他的实验助手。虎克帮助波义耳制造了空气泵，并协助他发现了著名的波义耳定律。

1662年，虎克被任命为英国皇家学会的实验管理员。1663年，他拿到牛津大学文学硕士学位，并被选为英国皇家学会会员。

1665年，罗伯特·虎克根据另一会员提供的资料设计了结构相当复杂的显微镜。有一次，他切了一块软木薄片，放在自己制造的显微镜下观察，发现软木片是由很多小室构成的，各个小室之间都有壁隔开，像蜂房似的。虎克给这样的小室取名为"细胞"，英文名为"cell"，在英文中"cell"就有"小房子"的意思。其实软木是由死细胞构成的，只有细胞壁，虎克看到的只是一些死细胞的细胞壁而已，但细胞这个名词就此被沿用下来。绝大多数细胞都非常微小，超出人的视力极限，观察细胞必须用显微镜。虎克的这一发现，引起了人们对细胞学的研究。现在知道，除病毒外一切生物都是由细胞所组成的。虎克对细胞学的发展作出了极大的贡献。

他开始应用显微镜进行生物研究，他将蜜蜂的刺、苍

虎克用的显微镜

蝇的脚、鸟的羽毛、鱼
鳞片以及跳蚤、蜘蛛、
草麻等，用显微镜详细
地予以考察比较。通过
对大量矿物、植物、动
物的显微观察，同年，
发表了《显微图集》一

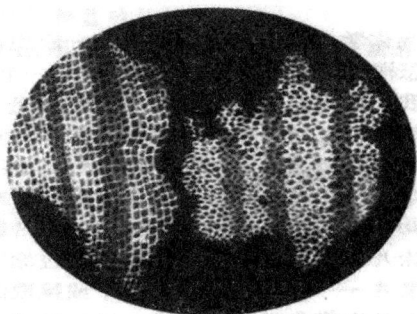
罗伯特●虎克绘制的木栓细胞图

书，其中收集的就有著名的软木切片细胞图。这是在他全
部成就中最重要的一部著作，也是欧洲17世纪最主要的科学
文献之一。这本图集向人们提供了许多鲜为人知的显微图
画信息，它涉及化学、物理、地质和生物学。

细胞学说的建立者——施莱登和施旺

　　细胞学说告诉了我们，所
有的生物都是由细胞组成的，论
证了整个生物界在结构上的统一
性，以及在进化上的共同起源，
它推动了自然科学的发展，为以
后的细胞学、生理学和胚胎学等
学科的发展打下了坚实的基础。
恩格斯曾经将细胞学说、进化论
和能量守恒与转化定律作为19世
纪的三大科学发现。

施莱登

细胞学说的创始人主要是施莱登和施旺。施莱登于1804年出生于汉堡，他在1824~1827年之间在海德堡学习法律，并在汉堡作过律师。但是，其实他并不喜欢这个职业。后来，他对植物学产生了浓厚的兴趣，所以他决定改行。1833年，他在哥廷根大学和柏林大学学习植物学和医学。在当时，其他的植物学家主要以研究植物的形态分类学为主，但是施莱登却热衷于用显微镜观察植物的结构和发育。他认为研究植物个体发育比研究植物的分类学更为重要，他非常重视细胞在个体发育中的作用。在1838年时，施莱登发表了著名的《植物发生论》，这篇文章发表在《米勒氏解剖学和生理学文集》上。在论文中，他提出：无论怎样复杂的植物体，都是由细胞组成的，细胞不仅自己是一种独立的生命，而且作为植物体生命的一部分维持着整个植物体的生命。

在1838年10月的一次聚会上，施莱登把还未公开发表的《植物发生论》中有关"植物体是由细胞组成的"这一观点告诉了施旺，立刻引起了施旺的兴趣。受到施莱登的启发，施旺猛然想起从前在观察蝌蚪背部的神经索和软骨的结构时，发现它们都具有细胞膜、

施旺

细胞质和细胞核。这时他便意识到，也许在植物体中起着基本作用的细胞，在动物体内也有着相同的作用。

于是，他开始研究一些特化的组织，比如上皮、蹄、羽毛、肌肉组织、神经组织等。最后，他得到了一个重要的结论，也就是：无论什么组织，尽管它们在功能上是不同的，但它们都是由细胞发育而来或是细胞分化的产物。

在1839年，施旺发表了题为《关于动植物的结构和一致性的显微研究》。在这篇论文中，施旺提出了"一切动植物组织，无论彼此如何不同，但是它们由细胞组成"的观点。他说："我们已经推倒了分隔动、植物界的巨大屏障。"

正是他们分别于1838年和1839年发表的关于植物细胞和动物细胞的研究论文，建立了"细胞学说"，也就是"一切动植物都是有细胞发育而来的"。

后人根据他们发表的论文将细胞学说归纳出几个要点：

1. 细胞是一个有机体，一切动植物细胞都是由细胞发育而来，并由细胞和细胞产物所构成。

2. 细胞是一个相对独立的单位，既有它自己的生命，又对与其他细胞共

魏尔肖在讲演 (1821-1902)

同组成的整体的生命起作用。

3. 新细胞可以从老细胞中产生。

细胞学说的建立为人类的科学研究作出了巨大贡献。像如今非常热门的组织培养技术和克隆技术都与细胞学说有关。细胞学说与达尔文的进化论和孟德尔确立的遗传学被称为现代生物学的三大基石，同时细胞学说又是进化论和遗传学的基石。

细胞学说的修正者——魏尔肖

在施莱登和施旺建立了细胞学说之后，科学界发生了巨大的变化。它的建立否定了一些关于动物界和植物界结构基本单位的问题，为19世纪的生物学研究指明了前进的方向。德国诗人、生物学家歌德曾经就错误地认为植物的叶是一切植物的基本单位；而德国自然哲学家奥肯则认为，一切生物都是由一种称为"黏液囊泡"的基本单位构成的。

虽然细胞学说的建立使自然科学发生了翻天覆地的变化。但是，细胞学说并不是完全正确的。在细胞学说中，施莱登和施旺所提到的"新细胞从老细胞中产生"的意思是从老细胞核中长出一个新细胞，是在细胞中由非细胞物质产生新细胞，然后通过老细胞的裂解产生的，就像结晶一样。这实际上是一个错误的说法，但是因为他们的权威，使得这种错误的观念一直统治了许多年。

后来，施莱登的朋友耐格里用显微镜观察了许多植物的分生组织发现，新细胞的形成并不是由老细胞中的非细胞物质产生的，而是通过细胞分裂产生的。

在1858年，德国的病理学家魏尔肖提出了著名的论断"细胞通过分裂产生新细胞"。他认为，所有的细胞都是通过老细胞分裂产生的，它们都来源于先前存在的细胞。他的这一论断一直沿用至今，到目前为止尚未被人所推翻。

魏尔肖的这一论断也是在细胞学说的影响下提出的。1821年，魏尔肖生于波美拉尼亚湾的希费本，也就是现在波兰的斯维得温。1843年在柏林大学获得医学博士学位。1849年担任维尔茨堡大学病理学教授。在受到施莱登和施旺的细胞学说和当时关于细胞的一些研究进展的影响下，魏尔肖在论述细胞病理学时，强调"细胞皆源于细胞"。这一论断极大地推动了病理学的发展，对疾病的治疗具有不可估量的影响。

我们可以看到，科学总是在不断发展中进步的。"细胞学说"在建立之初，并不是完全正确的。随着科学家们的不懈努力和不断发现，才使得我们的科学不断地向前发展，不断地向真理靠近。正如之前的科学"真理"在我们现在看来是错误的一样，我们现在信奉的

克劳德

一些科学真理可能在若干年之后被证明是错误的。但是，只有像这样不断探索，我们才能不断地前进。

走近细胞的第一人——克劳德

自从细胞学说建立之后，人们对细胞的研究越来越多了。但是，这些研究都是仅仅停留在观察细胞的形态上，人们对细胞的内部还是一无所知。细胞在人们的眼中还是一团像胶水一样的东西，在这团胶水中零零散散地分布着一些完全不清楚的物质。但是这时，有这样一位科学家，他的想法和其他科学家所想的可不一样，他决定将细胞打开来看一看，他也因此而成为第一位"走进细胞"的人，他就是阿尔伯特·克劳德。

1898年8月24日，克劳德出生在比利时的朗格里埃。他的父亲是一个商人，母亲在他8岁的时候就因为患上了乳癌而去世了。从此以后，克劳德和父亲一起生活，后来他成了一名铁匠，成天过着打铁的生活。1914年，第一次世界大战爆发，当时只有16岁的他应征入伍并参加了第一次世界大战，在战争中他为英国的情报工作服务。到了1918年，第一次世界大战结束，他也结束了军旅生活，回到了家乡。

在这之前，可以说他都没有真正地接触生物这门学科，直到1922年，他进入了比利时列日大学医学院学习。1928年他从列日大学毕业并获得了医学博士学位，在读书期间他成绩优异，获得了政府奖学金。他从列日大学毕业

后，到了柏林的威廉大帝生物学研究所留学，1929年，他又从柏林来到了美国纽约的洛克菲勒研究所进行深造学习，在这里他开始研究细胞的结构和功能。

1929年，克劳德进入到洛克菲勒研究所之后，开始了他的细胞研究之旅。他当时的想法是将细胞打开来，然后把细胞中的不同物质用某种方法

德迪夫　　　　　　帕拉德

分开来，分别进行研究。但是，这一想法在当时是非常大胆的，很多科学家认为他简直是在白白地浪费力气。因为在当时的技术条件下，要把细胞中的不同物质分离出来是非常困难的，更要命的是当时的科学家们根本不清楚这里面有些什么东西。所以克劳德的这个想法在当时简直就是天方夜谭。科学家们反对克劳德的另外一个原因是他们认为细胞是一个整体，把好好的细胞弄碎进行研究是毫无意义的。

但是，克劳德坚信，要对细胞进行进一步的研究就必须将细胞的各个组成成分分离出来进行研究。经过长期的不懈努力，他终于摸索出了一套提取细胞组成成分的方法。他发现用不同速度对破碎的细胞进行离心可以将细胞

内的不同组分分离开来，他利用这个原理自己开发出了离心机。他将破碎的细胞放在离心管中，这些离心管在高速转动下会将细胞中较重的成分沉淀在离心管的底部，而较轻的颗粒就会在离心管的上部。这样就能把不同的细胞组成成分分开了。

他利用这种离心的方法把细胞中的不同成分提取出来，放到电子显微镜下观察结构，然后再观察整个细胞，最后确定这些成分在细胞中的功能和联系。

正是利用这种方法，他和他的助手德迪夫以及帕拉德先后发现了细胞中的叶绿体、线粒体、溶酶体和核糖体等等。为了表彰他们在细胞的结构和功能方面的研究成就，他们三人同时获得了1974年的诺贝尔生理学或医学奖。他们的获奖告诉我们，科学研究是离不开探索精神、创新精神和理性思维的。在理性思维的指导下，要不断地创新，用自己的知识和行动去检验自己的想法。

小知识链接

叶绿体、线粒体、溶酶体和核糖体等等这些细胞的组成成分被称为细胞器，除了这些之外还有内质网、高尔基体、液泡等都是细胞器。

神奇的细胞

细胞到底有多小?

我们都知道细胞很小很小，一般我们用肉眼是看不见细胞的。绝大多数细胞，都需要我们通过显微镜才能观察到。这些细胞的个头都非常小，那么细胞的个头到底有多小呢?

一般的，植物细胞的直径约为10~100微米（1微米＝1/1000毫米）。动物的细胞更小，一般只有10微米左右，而细菌只由一个细胞组成，其细胞比动物细胞还小。但是细菌还不是最小的细胞，世界上目前发现的最小的细胞是叫做支原体的单细胞微生物，这种微生物的直径只有1微米，1000个这样的细胞一个个并排在一起，都可以穿过针眼。

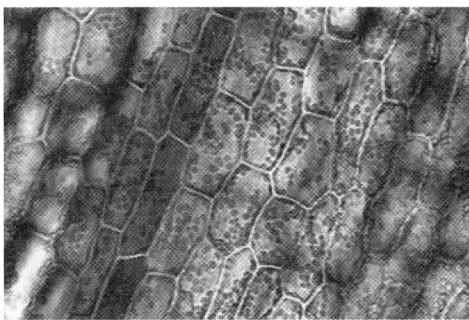
显微镜下观察到的植物细胞

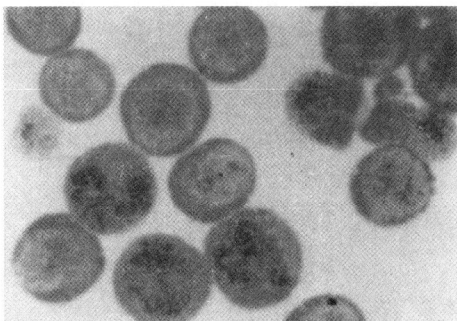
显微镜下观察到的动物细胞

细胞的大小并不是一成不变的，它会受许多外界条

件的影响。例如，水肥供应的多少、光照的强弱、温度的高低或化学药剂的使用等，都可以使植物细胞大小发生变化。例如，植物种植过密时，植株往往长得细而高，这主要是它们的叶可以相互遮光，导致体内生长素积累，引起茎杆细胞特别伸长的缘故。如果植物生长的环境水分供应非常充足的话，细胞就会发生吸水现象，从而使整个细胞变得圆胀起来。

另外，有些细胞的大小很难测定，因为这些细胞并不是规则的形状。比如说人的神经细胞呈现为多分支，很细长的形状；而植物的纤维细胞呈现为长梭形。还有的细胞呈现为杆状、弧状、螺旋状，等等。这是因为细胞的形态各异，因此这些细胞不好比较它们的大小。

"一座城市" —— "一个细胞"

我国著名的细胞学家翟中和教授曾经说过一句话："我确信哪怕一个最简单的细胞，也比迄今为止设计出的任何智能电脑更精巧。"的确，是这样的！我们举个很简单的例子。如果现在摆在你面前的是一大堆组装电脑所必需的材料和元件，总有人能够把这些零星的元件给组装起来，成为一台电脑。但是如今，虽然人类对细胞已经有了深入的了解，但是仍然没有任何个人或组织能够把这些组成细胞所必需的材料和元件组装起来，成为一个有功能的细胞。从这点上就可以说明细胞要比电脑复杂多了。

我们都知道细胞是非常微小的，小到我们用肉眼都无法观察到它的存在。但是，即使细胞很小也不妨碍它精巧的结构。细胞真可谓是"麻雀虽小，五脏俱全"。细胞的结构都非常精细，而且在细胞中发生的生理过程都是十分精巧的。

我们中的每个人，都是由受精卵发育而来的。受精卵实际上就是父亲的精子和母亲的卵细胞结合在一起而形成的。但是，一个简简单单的受精卵细胞能够通过各种途径

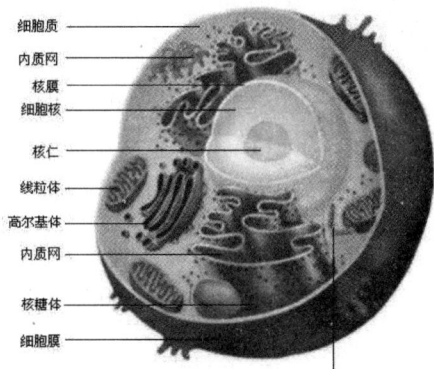

动物细胞的模型图

和方法，形成骨骼细胞、脑细胞、肺细胞、肌肉细胞、皮肤细胞、血管细胞、毛细管细胞和血细胞……人也是通过一个受精卵细胞发育出脸、口、鼻、舌、耳、手、脚、心脏、肺等器官的。据估计，一个人的全身共由30万亿个细胞组成，一个受精卵细胞最终形成30万亿个行使着不同功能的细胞，这其中必须由精密的细胞调控机制掌控着。

细胞的结构也是非常复杂的。包裹在细胞最外面的一层是细胞膜，如果是植物细胞的话，在细胞膜外面还有一层细胞壁。在细胞膜中充满着一种叫做细胞质基质的液体，在细胞质基质中悬浮测得着的各种不同的细胞器。在细胞质基质中还有一个至关重要的部件，那就是细胞核。

细胞核控制着整个细胞的各项活动和代谢。

有的时候人们把一个细胞比作是一个工厂，还有人形象地将细胞比作一座"城市"。用电子显微镜将细胞放大5万倍之后，我们能看到复杂的结构。在这个"城市"中有着许许多多"机构"，这些"机构"就是悬浮在细胞质中的细胞器，而"市长办公室"就是细胞核。

城市→细胞

工作者→蛋白质

电厂→线粒体

道路→肌纤蛋白、微管

卡车→驱动蛋白、动力蛋白

工厂→核糖体

图书馆→基因组脱氧核糖核酸和核糖核酸

废物处理中心→溶酶体

警察局→分子伴侣

邮局→高尔基体

……

通过上面的比喻我们可以看到，一个如此微小的细胞都如此复杂、精密，其复杂程度可以和一座城市相媲美。那么，我们可以试着想一想，由这些细胞结构组成的最简单的生物体呢？它们真的会是如此"简单"的生物体吗？由许许多多不同的细胞组成的动物和植物呢？它们的复杂程度将是人们难以想象的。

第二章 细胞工厂的边界和外衣

除病毒外，所有的生物都是由细胞构成的。然而科学家发现每个细胞都有一个"边界"，这个边界把所有属于它的东西都围起来了，划出了它的地盘。有的细胞除了有边界外，还披上了"外衣"。现在就让牛牛带领大家来了解一下细胞的边界和外衣。

工厂的"围墙"

细胞的边界——细胞膜

细胞学说的建立，使得人们越来越关注细胞的结构和功能，对细胞的研究也不断地增多了。在研究的过程中，科学家们发现一个奇怪的现象，并不是所有物质都可以随便进出细胞的，细胞就像一个国家一样，有一道"城墙"，这道"城墙"只会放某些特定的物质进入，而把其

他物质全部拒之门外。这个现象使得科学家对细胞的这道"城墙"产生了浓厚的兴趣。这道"城墙"就是细胞的边界，我们现在知道它就是包围着细胞的一层膜，这层膜被称为细胞膜（又称细胞质膜）。

光镜下未染色的动物细胞

细胞膜位于细胞表面，光学显微镜下不能看见细胞膜，但是能够观察到细胞与外界环境之间是有界限的。电子显微镜下，扩大倍数，才能把细胞膜看得比较清楚，其厚度通常为7～8nm。

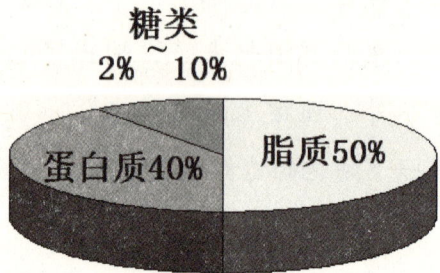

细胞膜的化学组成

根据对哺乳动物红细胞膜化学组成的研究显示，细胞膜中脂质占细胞膜总量的50%，其中磷脂最丰富，蛋白质约占40%，糖类占2%~10%。

细胞膜模型探索

早在19世纪末，英国的生物学家欧文顿就注意到"细胞对进出的物质有选择性"这个问题，他开始研究细胞膜到底会让哪一类的物质进入细胞内，又会阻止什么物质进入。他用了五百多种物质进行了多达上万次实验，最后他发现，凡是溶于脂质的物质更容易通过细胞膜，而一些不溶于脂质的物质不容易通过细胞膜。最后他猜测，细胞膜是由脂质组成。

小知识链接

脂质是脂肪和类似脂肪物质的统称。这是一类一般不溶于水而溶于油脂的有机化合物。组成细胞膜的是脂质中的一种，称为磷脂。

到了20世纪初，科学家们第一次将细胞膜从哺乳动物的红细胞中提取出来了。通过分析红细胞中的成分，发现膜的主要成分是脂质和蛋白质。

知道了细胞膜的成分，就相当于知道了"城墙"是由砖块组成的一样。但是这道"城墙"的砖块是怎样砌成城墙的呢？这是接下来的研究内容了。

1925年，两位荷兰人E·Gorter和F·Grendel利用丙酮将人红细胞中的脂质提取出来，并把它铺在水面上。结果测得铺开的单分子层的面积是红细胞表面积的两倍。这让两位科学家非常疑惑，到底是什么原因使得它的面积变为细胞表面积的两倍了呢？后来，经过思考他们得出了这

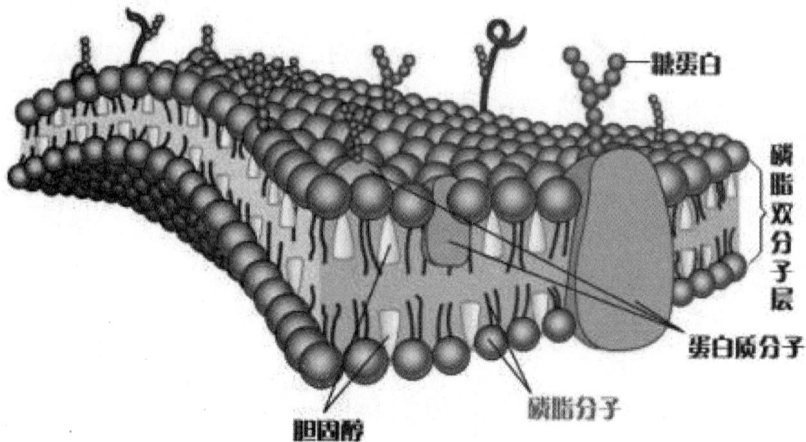

细胞膜的流动镶嵌模型

样的结论：细胞膜中的脂质分子肯定是排成两层的。就像"城墙"的砖头把城墙围成两圈了，里一圈外一圈。这样的话，把它铺成单分子层的话，面积自然就是原来的两倍了。

脂质弄清楚了，但是蛋白质呢？蛋白质也是细胞膜的一种成分，蛋白质的位置又是怎么样的呢？关于这个问题，科学家们起初还只是推测，因为人们用普通的光学显微镜根本看不到细胞膜的结构。直到20世纪50年代，电子显微镜的诞生才解决了这一问题。1959年，科学家罗伯特森在电子显微镜下观察了细胞膜的结构，他发现了暗-明-暗的三层结构，因此他做出了大胆的推测，细胞膜的结构是蛋白质-脂质-蛋白质的结构。电子显微镜下观察到的暗带是蛋白质，而观察到的明带是脂质分子层，因为这种模型和三明治非常相像，因此人们又称之为"三明治模型"。

　　但是，1972年，桑格和尼克森又提出了流动镶嵌模型，这种观点目前得到了大多数人的认可接受。这种模型认为，脂质和蛋白质的结构并不是如"三明治模型"所说的那样。流动镶嵌模型认为，磷脂双分子层构成了膜的基本支架，这个支架不是静止的，而是具有一定流动性的。磷脂属于脂质，脂质的熔点较低，常温条件下是呈液态的，所以磷脂双分子层是轻油般的流体，具有流动性。蛋白质分子有的镶嵌在磷脂双分子层的表面，有的部分或全部嵌入磷脂双分子层中，有的横跨整个磷脂双分子层。蛋白质在细胞膜行使功能时起到重要的作用。功能越复杂的细胞膜，蛋白质的种类和数量就越多。大多数蛋白质也是可以运动的，这主要是由于脂质双分子层是液态的，镶嵌在脂质层中的蛋白质是可移动的，即蛋白质分子可以在膜脂分子间横向漂浮移位。细胞膜的成分除了脂质和蛋白质外，还含有某些糖类，细胞膜所含糖类甚少，主要是一些寡糖和多糖链。有些糖类与蛋白质结合形成糖蛋白，就像一层被子盖在细胞外表面似的，叫做糖被。糖蛋白在细胞生命活动中具有重要的功能。例如，消化道和呼吸道上皮细胞表面的糖蛋白有保护和润滑作用，糖被与细胞表面的识别有密切关系。经研究发现，动物细胞表面糖蛋白的识别作用，好比是细胞与细胞之间或者细胞与其他分子之间，互相联络用的文字或语言。还有些糖类与细胞外表面

的脂质结合形成糖脂。

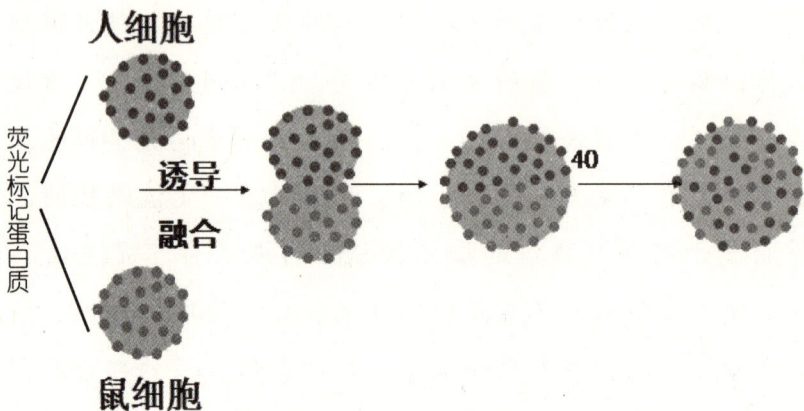

荧光标记的人和鼠细胞融合实验示意图

　　细胞膜的流动性是细胞膜的基本特征。一系列经典的实验证明了细胞膜具有流动性。1970年，科学家用发绿色荧光的染料标记小鼠细胞表面的蛋白质，用红色荧光染料标记人细胞表面的蛋白质分子。这两种细胞刚融合时，融合细胞的一半发绿色荧光，另外一半发红色荧光。十分钟后不同颜色的荧光在融合细胞表面开始扩散，四十分钟后两种颜色的荧光均匀分布。

原始海洋景观图

细胞膜的功能

将细胞与外界环境分开。细胞膜是细胞的边界，把细胞里面的东西包起来了，将细胞与外界环境分隔开，这样就使得细胞有了一个进行生化反应和代谢过程的稳定的内环境，保证了细胞内各种生命活动的正常进行。

细胞膜的形成是生命起源过程中至关重要的阶段。人们普遍认为生命起源于原始的海洋，原始海洋里本来就有一些非常简单的有机物，这些有机物逐渐聚集并且相互作用，演化出原始的生命。在原始海洋这盆稀薄的热汤中，细胞膜的出现至关重要，它把生命物质与外界环境隔离开，产生了原始的细胞，并形成独立的系统且保障了细胞内部环境的相对稳定。

但是细胞要进行新陈代谢，要与周围环境不断进行物质交换。而控制物质进出细胞的就是细胞膜。细胞膜就像海关或边防检查站，对进出细胞的物质进行严格的检查。细胞膜不会让物质自由地进出，而是有选择性地让某些物质进出，科学家们把这叫做细胞膜的选择透过性，细胞膜也因此被称为选择性透过膜。细胞需要的营养物质（如氨基酸、O_2、H_2O和一些离子等）可以通过细胞膜从外界进入细胞，细胞不需要的或者对细胞有害的物质就会被细胞膜挡在外面。有些物质如抗体、激素等物质在细胞内合成但是要排出细胞外再去行使它们的功能，细胞内代谢所产生的废物（如尿素、CO_2等）也要排出细胞外以免损害细

胞；但是细胞内的核酸等重要的成分却不会通过细胞膜流失到细胞外。尽管细胞膜具有选择透过性，但是细胞膜控制物质进出细胞膜的功能也是相对的，环境中一些对细胞有害的物质可能会找到可乘之机，偷渡过细胞膜，危害细胞。有些病毒、病菌也可能侵入细胞，使生物体患病。

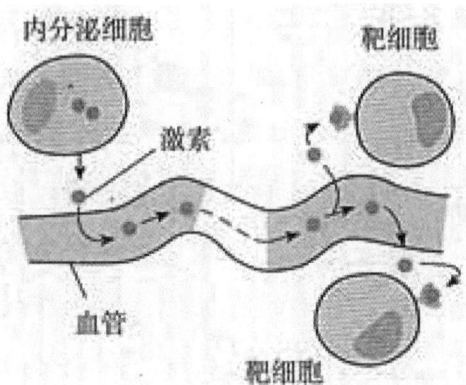

激素与靶细胞受体结合

细胞膜还在信息的传递交流与细胞代谢的调控方面起着重要作用。这些作用是通过细胞膜上一类称为"受体"的特殊蛋白质分子进行的，受体能够有选择地与细胞外环境中的抗原、病毒、激素、神经递质（神经信号传递物质）和药物等"信号物质"相结合，引起一系列生化变化，从而使细胞的功能与物质代谢朝着一定的方向发生变化。

细胞分泌的化学物质，随血液到达全身各处，与靶细胞细胞膜表面的受体结合，将信息传递给靶细胞。例如，肾上腺分泌肾上腺素（激素），然后与肝细胞膜上的受体结合时，从而引起一系列连锁反应，最后使肝细胞内贮存的糖原在代谢过程中被分解为葡萄糖。

神经细胞在传递神经信息时，就是由于前一个神经细胞向外释放出的一种叫做乙酰胆碱的神经递质，与下一个神经细胞细胞膜上的特定受体（称为乙酰胆碱受体）相结合，引发一系列变化，从而将神经信息由一个细胞传递到另一个细胞，实现对机体生命活动的神经调节。

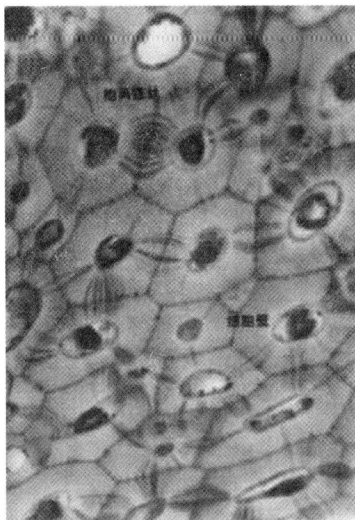

胞间连丝

相邻两个细胞的细胞膜接触，信息就从一个细胞传递给另一个细胞。例如，精子和卵细胞之间的识别和结合。雌蕊的感受器是柱头表面的蛋白质膜，花粉粒外壁的糖蛋白与柱头质膜的蛋白质只有通过互相识别，才能完成受精作用。

此外相邻两个细胞之间还可以形成通道，携带信息的物质通过通道进入另一个细胞。例如，高等植物细胞之间通过胞间连丝相互连接，也有信息交流的作用。

细胞膜与免疫作用也有着极为密切的关系。生命体识别和排斥细菌及外来异物等抗原的免疫过程和能力，主要是通过吞噬作用、体液免疫和细胞免疫三种方式来进行。这三种方式的免疫作用的过程虽然不完全相同，但是，都必须首先通过"细胞识别"的作用，即首先要由细胞识别出异己物

27

质，然后将其排斥或清除。而细胞的这种认识和鉴别自己和异己物质的识别系统，就在细胞膜上。例如，具有吞噬细菌和异物功能的吞噬细胞和淋巴细胞，它们的细胞膜上都具有能够识别细菌和异物等抗原的受体（嵌在膜中的免疫球蛋白），当这些受体识别出相应的抗原并与之结合以后，就引起细胞内发生一系列变化，使外来的细菌等异物失去活力，从而达到消灭异物的作用。还有一种淋巴细胞，是通过产生淋巴毒素等物质，直接去杀伤异物，起到免疫的作用，而淋巴毒素的产生也是先要经由淋巴细胞细胞膜上的受体对异物的识别。

工厂的产品是如何运出去的

活细胞不停地进行新陈代谢作用，它必须不断地与周围环境交换物质，物质通过细胞膜进出细胞。那么物质是如何通过细胞膜进出细胞的呢？

清水变成红色

当我们往清水里滴一滴红墨水，红墨水很快就在水中扩散开来，清水最终变成红色，这就是扩散。将两种溶液连通时，溶质分子会从高浓度一侧向低浓度一侧扩散。对于细胞来说，离子和小分子物质进出细胞既有顺浓度梯度的扩散，统称为被动运输，也有逆浓度梯度的运输，称为主动运输；而对于大分子和颗粒性物质主要通过内吞作用进入细胞。

被动运输

水分子很小，很容易通过细胞膜的磷脂双分子层。水分子进出细胞取决于细胞内外溶液的浓度差。如果细胞内水的浓度较高，细胞外水的浓度较低时，这时细胞内的水就会从细胞中流出去，细胞就失水，就会变瘪；如果细胞内水的浓度较低，细胞外水的浓度高时，细胞外的水就会流向细胞，使得细胞吸水。氧和二氧化碳也是如此，当肺泡内氧的浓度大于肺泡细胞内部氧的浓度时，氧便通过扩散作用进入肺泡细胞内部，细胞内由于呼吸作用使二氧化碳浓度升高时，二氧化碳便通过扩散作用排出细胞，进入细胞外。像这样，物质通过简单的扩散作用进出细胞，叫做自由扩散。这种扩散不需要消耗能量，关键要细胞内外有浓度差。通过自由扩散途径进出细胞的物质主要是水、氧气、二氧化碳、甘油、乙醇（酒精）、苯等脂溶性物质。

影响自由扩散的主要因素有二：1.膜两侧的分子浓度梯度。浓度梯度大，物质顺浓度梯度扩散就多；浓度梯度

消失，扩散就停止。2.膜对该物质的通透性。由于细胞膜的结构是脂质双分子层，所以膜对脂溶性高的物质如氧和二氧化碳通透性大，扩散容易；对脂溶性低和非脂溶性物通透性小，扩散就难。

对一确定的可自由扩散通过细胞膜的物质，其运输速率与细胞膜两侧的浓度差成正比。

一些非脂溶性的物质（如葡萄糖）或水溶性强的物质（如离子），尽管细胞膜两侧具有浓度差，但是还是不能自由地通过细胞膜，但是细胞需要这些物质，这时要依靠细胞膜上镶嵌在磷脂双分子层中特殊蛋白质的"帮助"，才能把所需物质顺浓度梯度跨膜运输（从高浓度向低浓度扩散），即将本来不能或极难进行的跨膜扩散变得容易进行，所以叫做易化扩散又叫协助扩散。易化扩散也不需要消耗能量。

参与易化扩散的镶嵌蛋白质有两种类型：一种是载体蛋白质，另一种是通道蛋白质。因而易化扩散可分为两种：

1. 以载体为中介的易化扩散：载体的作用是在细胞膜的一侧与某物质相结合，再通过本身的变构作用将其运往膜的另一侧。以此种方式转运的物质是一些小分子的有机物。载体转运有三个主要特点：一个是高度特异性，一种载体只能转运一种物质，如葡萄糖载体只能转运葡萄糖；另一个是饱和性，即在单位时间内的物质转运量不能超过某一数值；第三，竞争抑制性，即结构近似的物质可争夺

占有同一种载体，载体优先转运浓度较高的物质。

2. 以通道为中介的易化扩散：通道的作用是在一定条件下通过蛋白质本身的变构作用而在其内部形成一个孔洞或沟道，使被转运的物质得以通过。以此种方式转运的物质是一些简单的离子。通道的开放和关闭受细胞的调控。

自由扩散和协助扩散都是顺浓度梯度进行的物质跨膜运输，所以不需要消耗能量，统称为被动运输。这就好比一个木块从斜面顶端（高处）可以自己滑下去，不需要用手推。

主动运输

细胞通过被动运输吸收物质时需要膜两侧的浓度差。而一般情况下，植物根系所处的土壤溶液中，植物所需要的很多矿质元素离子的浓度总是低于细胞液的浓度。例如，水生植物丽藻的细胞液中钾离子浓度比他们生活的池水高1065倍，其他多种离子的浓度也比池水高得多。又如，轮藻细胞中的钾离子的浓度比周围水环境高63倍。再如，人的红细胞中钾离子的浓度比血浆高30倍，钠离子的

离子	细胞液浓度/池水浓度
$(H_2PO_4)^-$	18050
K^+	1065
Cl^-	100
Na^+	46

丽藻细胞液与池水的多种离子浓度比

浓度却只有血浆的六分之一。

可见，轮藻细胞和人的红细胞具有不断地积累K^+和运出Na^+的能力，以致不会使细胞膜内外的K^+和Na^+的浓度达到平衡。为什么这些离子能逆浓度梯度跨膜

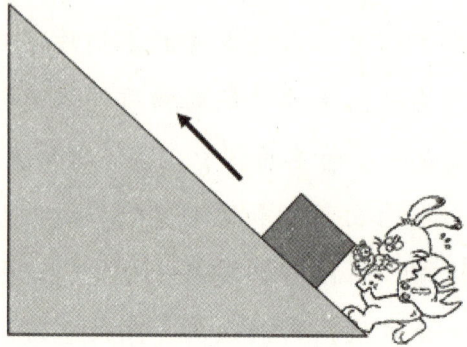

用力推木块才能上滑

运输呢？钠、钾、钙等离子都不能自由地通过磷脂双分子层，它们从低浓度一侧运输到高浓度一侧，需要消耗细胞内新陈代谢所释放的能量，同时需要镶嵌在磷脂双分子层中特殊蛋白质（叫做载体蛋白）的"帮助"，这种方式叫做主动运输。主动运输过程有两个基本的特征：第一，需要载体蛋白；第二，因为是逆浓度梯度运输，所以需要消耗能量。这就好比在斜面底部的木块不能自己移动到斜面顶部，必需施加一个力。因此，凡是影响能量供应的因素都会影响主动运输，如氰化物能抑制ATP的形成，因而能强烈地抑制主动运输。同一道理，凡是具有活跃运输能力的细胞都含有大量线粒体，以产生足够的ATP。

主动运输普遍存在于动植物和微生物细胞中，细胞膜的主动运输是活细胞的特性，它保证了活细胞能够按照生命活动的需要，主动选择吸收所需要的营养物质，排出代谢废物和对细胞有害的物质。

胞吞胞吐

载体蛋白虽然能够帮助许多离子和小的分子通过细胞膜，但是对于像蛋白质这样的大分子却无能为力。可是大部分细胞能够摄入和排除特定的大分子，这些大分子是如何进出细胞的？原来是要通过胞吞把需要的大分子物质吞进来，胞吐把要排出去的大分子物质吐出去。

胞吞就是当细胞摄取大分子时，首先是大分子附着在细胞膜的表面，这部分细胞内陷形成小囊，包围着大分子，然后小囊从细胞膜上分离下来，形成囊泡，进入细胞内部。

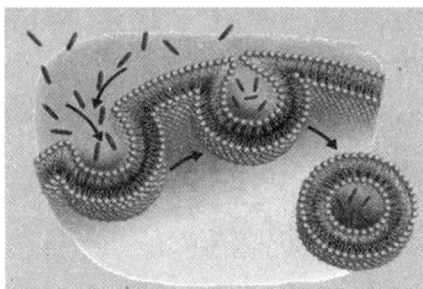

胞吞

变形虫、草履虫等吞噬细菌或其他食物颗粒，人体内巨噬细胞吞噬侵入的细菌、细胞碎片以及衰老的红细胞等等都是通过胞吞作用来实现的。

胞吐就是细胞需要外排的大分子，先在细胞内形成囊泡，囊泡移动到细胞膜处，与细胞膜融合，将大分子排出

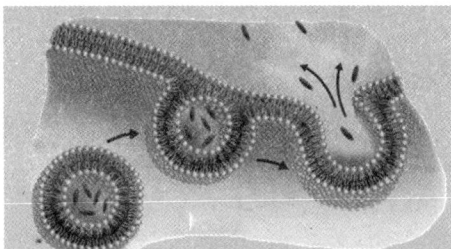

胞吐

33

细胞。高等动物通过胞吐作用向外分泌物质，单细胞动物通过胞吐作用排出食物残渣。例如：单细胞原生动物吞入的食物被消化后，所余渣滓从细胞表面排出，胰腺细胞合成的酶原粒（蛋白质）从细胞表面排出等等都是通过胞吐作用实现的。

实际上，胞吞胞吐是建立在膜的流动性的基础上，如果膜没有流动性，就不可能发生胞吞胞吐。

细胞膜联系生活

用半透膜使海水淡化

海水淡化即利用海水脱盐生产淡水，是实现水资源利用的开源增量技术，可以增加淡水总量，且不受时空和气候影响，水质好，可以保障沿海居民饮用水和工业锅炉补水等稳定供水。

最简单的方法，一个是蒸馏法，将水蒸发而盐留下，再将水蒸气冷凝为液态淡水。其原理如同海水受热蒸发形成云，云在一定条件下遇冷形成雨，而雨是不带咸味的。另一个是冷冻法，即冷冻海水使之结冰，在液态淡水变成固态冰的同时盐被分离出去。

冷冻法与蒸馏法都有难以克服的弊端，其中蒸馏法会消耗大量的能源并在仪器里产生大量的锅垢，所得到的淡水却并不多；而冷冻法同样要消耗许多能源，但得到的淡

水味道却不佳，难以使用。

1953年，一种新的海水淡化方式问世了，这就是反渗透法。这种方法利用和细胞膜类似的半透膜来达到将淡水与盐分离的目的。在通常情况下，半透膜允许溶液中的溶剂（水）通过，而不允许溶质透过。由于海水含盐高，如果用半透膜将海水与淡水隔开，淡水会通过半透膜扩散到海水的一侧，从而使海水一侧的液面升高，直到一定的高度产生压力，使淡水不再扩散过来。这个过程是渗透。如果反其道而行之，要得到淡水，只要对半透膜一侧的海水施以压力，就会使海水中的淡水渗透到半透膜另一侧，而盐却被膜阻挡在海水中。这就是反渗透法。反渗透法最大的优点就是节能，生产同等质量的淡水，它的能耗仅为电渗析法的1/2，蒸馏法的1/40。因此，从1974年起，美日等发达国家先后把发展重点转向反渗透法。

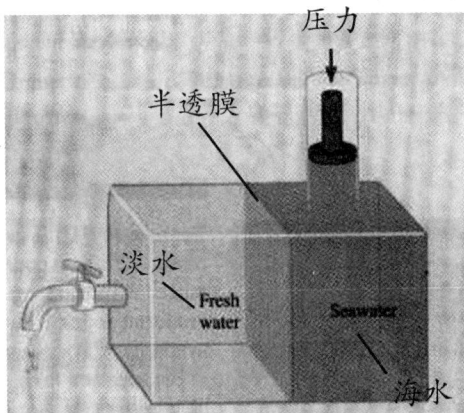

反渗透法淡化海水

目前应用反渗透膜的反渗透法以其设备简单、易于维护和设备模块化的优点迅速占领市场，逐步取代蒸馏法成为应用最广泛的方法。

血液透析——人工肾

细胞膜和其他生物膜都有选择透过性，即生物膜让水分子自由通过，一些小分子也可以通过，而其他离子、小分子和大分子则不能通过。因为生物膜的这个特性，人体血液中一部分代谢终产物通过肾脏形成尿液而排出体外。在肾脏病变如肾功能衰竭不能正常行使功能时，体内代谢的废物或毒素不能及时排出而出现各种疾病，医药上用人工合成的膜材料——透析型人工肾代替病变肾脏行使功能。

血液透析俗称"人工肾"，是用人工方法模仿人体肾小球的滤过作用，在体外循环中清除人体血液内过剩的含氮化合物、新陈代谢产物或逾量药物等，并可调节水和电解质平衡的一种血液透析装置。

人工肾的核心部分是一种用高分子材料(称为膜材料)制成的透析器，这种膜材料具有半通透特性，可代替肾小球实现其毛细血管壁的滤过功能，达到血液净化的目的。

细胞膜与疾病

1. 癌症。

癌症是21世纪一号杀手。癌细胞能够转移与癌细胞表面膜成分的改变有关。

细胞在癌变的过程中细胞膜的成分发生改变，产生甲

胎蛋白（AFP）、癌胚抗原（CEA）等物质。因此，在检查癌症的验血报告单上，有甲胎蛋白（AFP）、癌胚抗原（CEA）等检测项目。如果这些指标超过了正常值，应做进一步的检查，确定体内是否出现了癌细胞。

癌细胞细胞膜上的糖蛋白等物质减少，失去了原来正常细胞之间的粘着作用，使得癌细胞之间的粘着性降低，容易在体内扩散和转移。

癌细胞细胞膜上的糖脂改变。细胞膜上的糖脂虽然含量相对较少，但具有重要的生理功能，改变了就会影响细胞正常的生命活动。例如，在结肠癌、胃癌、胰腺癌和淋巴瘤细胞中，都发现有鞘糖脂组分的改变和肿瘤细胞自己特有的新糖脂的合成。

癌细胞表面的糖苷酶和蛋白水解酶活性增加，使细胞膜对蛋白质和糖的传送能力增强，为肿瘤细胞的分裂和增殖提供物质基础。

某些肿瘤细胞膜表面出现原有抗原消失或异型抗原产生的现象。例如，红细胞及血管内皮细胞膜的ABO抗原，如果这部分发生肿瘤以后，可以使原有的ABO抗原消失，产生异型抗原；又如，胃癌O型血患者，正常时胃黏膜表面没有A、B两种凝集原（抗原），而病变后，在胃癌细胞膜表面可出现A型抗原，增加了一个单糖残基，这可能与某些糖基转移酶活性改变有关。

2. 糖尿病。

正常情况下，当我们进食后，血糖浓度升高，胰岛素分泌就会增多，并与靶细胞细胞膜表面的胰岛素受体结合，从而产生一系列的生物化学反应，使得血糖浓度降低。但是某些糖尿病患者，由于细胞膜表面胰岛素受体数目减少，使胰岛素不能与细胞膜受体结合产生生物学效应，使得血糖浓度持续维持较高水平，导致糖尿病的发生。

3．肌无力症。

我们的肌肉要运动，就要靠运动神经释放一种化学物质称为乙酰胆碱，然后乙酰胆碱与其受体结合后，才能引起肌肉运动。肌无力症病因是由于体内产生了乙酰胆碱受体的抗体能与乙酰胆碱受体结合，乙酰胆碱受体的抗体就占据了乙酰胆碱受体，封闭了乙酰胆碱的作用。该抗体还可以促使乙酰胆碱受体分解，使患者的受体大大减少，导致肌肉无力、易疲等重症肌无力症状。

4. 胱氨酸尿症。

胱氨酸尿症的主要问题是肾小管细胞膜上运输胱氨酸的相应载体蛋白缺少，对胱氨酸重吸收减少，从而引起尿中胱氨酸浓度增加。胱氨酸于酸性尿中很少溶解，当它的浓度超过其溶解度时就发生沉淀，形成结晶或结石。

此外细胞膜脂肪酸与心血管疾病有密切的关系。细胞膜脂肪酸作为细胞膜上的重要组成部分，在保持细胞的正常生理功能和维持细胞的形态方面具有重要的作用。细胞

膜脂肪酸成分改变可导致膜流动性、膜受体性能、超氧化物歧化酶活性及基因调控等方面的变化。除与高脂血症有关外，还与其他心血管疾病的发生、发展有密切关系。

血型——细胞膜上的特性标志

根据人类的外表颜色特征，可将人类分为许多类别，如黄种人、白种人、黑种人等。由于人类细胞（白细胞、红细胞、组织细胞等）膜的分子组成及结构的不同，使它们各具特征性抗原。根据细胞特征性抗原的不同或者有无，可将血液分为若干血型系统。目前已经科学研究确认的仅人类红细胞的特征性抗原就有15个类型，即有15个血型系统（如ABO、Rh等）。其中ABO血型系统是发现最早，与临床医学关系最密切最常应用的。

早在1890年，人们就发现人类红细胞膜上可含有A和B两种凝集原。人类血清中也存在抗A和抗B两种凝集素。ABO血型系统就是根据红细胞膜上含有的A和B凝集原的不同，将人类血液分为A、B、AB、O，4个基本血型。红细胞膜上仅具有A凝集原的就是A型血；仅具有B凝集原的为B型血；A、B两种凝集原均具有的就是AB型血；O型血则无A和B凝集原。实验研究还发现，A凝集原与抗A凝集素结合或B凝集原与抗B凝集素结合会使红细胞凝集成团，并在血管中发生溶血反应，所以A型血里无抗A仅有抗B凝集素，B型血里仅有抗A凝集素，AB型血里无抗A和抗B凝

素，而O型血里同时具有抗A和抗B凝集素。

在临床上输血时，主要考虑供血者的凝集原与受血者的抗凝集素有无凝集反应，所以最好是同型输血。O型血素有"万能代血者"之称，因为它不含有A或B凝集原；而AB型血又称"万能受血者"，因为它无抗A和抗B凝集素。考虑到人类除ABO之外，还有许多血型系统，所以临床上输血之前都要做配血试验。

工厂的外衣——细胞壁

动物细胞最外层是由一层细胞膜包裹着，但是科学家们发现在植物细胞、细菌和真菌细胞膜的外面还有一层细胞壁，科学家把它比做这些细胞的外衣。

植物细胞壁

植物细胞质膜的外围包着的一层外壳，就是细胞壁。细胞壁是植物细胞区别动物细胞的特征之一，是由细胞壁

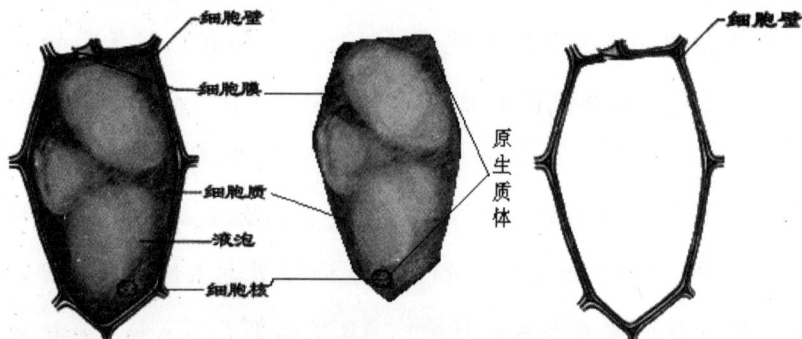

光镜下植物的细胞结构示意图

包住的原生质体的分泌物构成的。一个植物细胞实际上就是由细胞壁和原生质体组成，也就是除了细胞壁剩下的就是原生质体。一个动物细胞就是一个原生质体。

细胞壁的结构和组成成分，因细胞的年龄、种类和功能的不同而有差异。

细胞壁的结构一般分下列三层：

1. 胞间层。　胞间层是在细胞分裂产生新细胞时形成的，是相邻两个细胞间所共有的一层薄膜。它的主要成分是胶粒柔软的果胶质。胞间层既将相邻细胞粘连在一起，又可缓冲细胞间的挤压，也不会阻碍细胞生长。

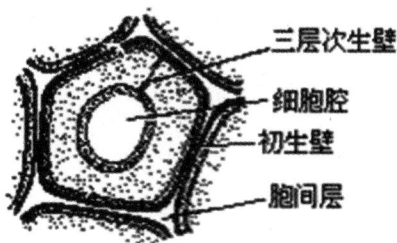

细胞壁结构模式图

2. 初生壁。　在细胞分裂末期胞间层形成后，原生质体就分泌纤维素、半纤维素和少量的果胶质，添加在胞间层上，构成细胞的初生壁。初生壁有弹性，能随着细胞的生长不断增加面积。这种在细胞生长时形成的细胞壁，叫做初生壁，植物细胞都有初生壁。

3. 次生壁。　细胞停止生长后，原生质体仍继续分泌纤维素和其他物质，增添在初生壁内方，使细胞壁加厚，这部分加厚的细胞壁叫次生壁。次生壁添加在初生壁里面，次生壁越厚，壁内的细胞腔就越小。次生壁只在植物

体的部分细胞中有。厚壁的纤维细胞、石细胞、管胞和导管等有明显增厚的次生壁。

植物细胞壁的化学组成是：胞间层基本上是由果胶质组成，如果植物组织中的果胶质用果胶酶分解掉，细胞就会离散；初生壁是由水、半纤维素、果胶质、纤维素、蛋白质和脂类组成。构成细胞壁的成分中，90%左右是多糖，10%左右是蛋白质、酶类以及脂肪酸。细胞壁中的多糖主要是纤维素、半纤维素和果胶类，所以如果要去除植物细胞的细胞壁就得用三种酶，即纤维素酶、半纤维素酶和果胶酶。

细胞壁中的纤维素含量最多，它形成细胞壁的框架，内含其他物质。在电子显微镜下看到，这种框架由一层层纤维素微丝，简称微纤丝组成的，每一层微纤丝基本上是平行排列，每添加一层，微纤丝排列的方位就不同，因此层与层之间微纤丝的排列交错成网。微纤丝之间的空间通常被其他物质填充。

此外，在一些植物表皮细胞壁中，常有蜡质、角质、木栓质。在一些成熟和加厚的细胞壁中，常

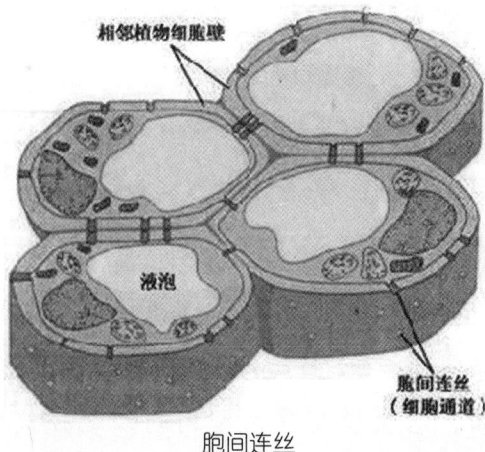

相邻植物细胞壁

液泡

胞间连丝
（细胞通道）

胞间连丝

沉积木质素。在禾本科、木贼科植物的表皮细胞壁中含有硅。在真菌类的细胞壁中还有甲壳质。

细胞壁上有纹孔，是因为在细胞生长过程中，初生壁随着细胞的生长而不断伸展，但壁的增厚是不均匀的，形成了许多壁薄的区域，叫做初生纹孔场；细胞产生次生壁时，增厚也不均匀，一般在初生纹孔场的部位不再加厚，细胞壁上就形成纹孔的结构。相邻细胞壁上的纹孔常对应地形成纹孔对。通常有许多胞间连丝从纹孔通过，胞间连丝又跟细胞质中的内质网连接，从而沟通细胞间的物质交流，有利于水分的运输。因此，细胞壁上的纹孔是细胞间联系的通道，整个植物体的细胞并不是孤立存在的，而是紧密联系在一起，成为有机的统一体。

植物细胞壁的功能

1. 机械支持，维持细胞形状。

细胞壁具有很强的刚性，增加了细胞的机械强度，并承受着内部原生质体由于液泡吸水而产生的膨压，从而使细胞具有一定的形状，这不仅有保护原生质体的作用，而且维持了器官与植株的固有形态。植物的寿命、体积、高度都与细胞壁的机械强度有关。

2. 细胞壁与细胞生长的调控。

细胞要生长（也就是扩大和伸长）的前提是要使细胞壁生长。细胞壁的生长包括，增大面积、形成初生壁的生

长，和增加厚度、形成次生壁的生长。细胞壁内的代谢活动通过影响这两个方面来调节细胞的生长。

3. 物质运输与信息传递细胞壁允许离子、多糖等小分子和低分子量的蛋白质通过，而将大分子或微生物等阻于其外。因此，细胞壁参与了物质运输、降低蒸腾、防止水分损失(次生壁、表面的蜡质等)、植物水势调节等一系列生理活动。细胞壁上纹孔或胞间连丝的大小受细胞生理年龄和代谢活动强弱的影响，故细胞壁对细胞间物质的运输具有调节作用。另外，细胞壁也是化学信号(激素、生长调节剂等)、物理信号(电波、压力等)传递的介质与通路。

4. 细胞壁与细胞识别

植物细胞壁参与细胞间识别反应。如根瘤菌与豆科植物根之间的识别与宿主细胞壁中的凝集素和细菌表面的多糖相互作用有关；花粉和柱头之间的识别反应是花粉壁内的糖蛋白和柱头表面的糖蛋白的识别。细胞壁中的果胶多糖、凝集素等可能也与识别反应有关。

5. 细胞壁与植物防御。

细胞壁是抵御微生物和昆虫侵染的前哨。当病原菌侵染时，寄主植物细胞壁内产生一系列抗性反应，如木质化、胼胝质积累、伸展蛋白合成增加，以抵御微生物的侵入和扩散。高度木质化和栓质化可导致超敏性细胞死亡，有效地阻止病原生物的再度侵染、蔓延，这是一种重要的快速防御反应。病原生物的侵染还可诱导植物产生植物抗

毒素，阻抑病原生物。因此，植物的细胞壁抵抗病原菌、阻碍昆虫取食的特性，可作为抗性育种的一个新的途径或指标之一。

细胞壁还和植物组织的吸收、蒸腾、运输和分泌等方面的生理活动有密切的关系。

细胞壁的主要化学成分是纤维素，是植物体中含量最多的成分。据估计，地球上的植物每年所形成的纤维素约有85亿吨之多。在造纸、人造纤维、火药、胶片、绝缘材料与食品工业等方面都是不可缺少的重要材料。木质素是植物体内数量仅次于纤维素的第二种有机物，在石油、塑料、染料和制革等工业方面有广泛的用途。因此，研究细胞壁有着重要的意义。

植物细胞吸水为何不会涨破

把哺乳动物红细胞放到清水中，很快细胞就会吸水胀破，其实其他动物细胞也一样，但是植物细胞吸水却不会胀破。这是为什么呢？这是因为植物细胞有坚固的细胞壁，水渗进细胞到一定的程度，细胞壁会产生反作用，将水"挤"出去，即阻止水分的继续进入。正如生活中常见的，一条因失水而萎蔫了的黄瓜，把它浸泡在清水里，水会不断地渗入它的细胞，但到了一定程度，黄瓜吸足了水，变得坚挺、饱满时，水就不会继续渗入了（或者说渗入和渗出相等了）。即使再泡一段时间，黄瓜也绝不会发

生胀破的现象。这就是黄瓜细胞的细胞壁在起作用的缘故。变形虫没有这个起限制水分渗入的细胞壁，如果不采取措施，那一定是要胀破的。

夏季花卉萎蔫后的拯救措施

炎热夏季盆栽花卉也容易"发渴"，加上夏天盆内水分蒸发量大，蓄水较少，如果在此时对花卉浇水不足，常引起叶片萎蔫，倘若不及时挽救，时间久了会导致植株枯萎，甚至死亡。

萎蔫的花

正确的做法是：发现叶片萎蔫时应立即将花盆移至阴凉处，向叶面喷些水，并浇少量水。以后随着茎叶逐渐挺拔，再逐渐增加浇水量。此时若浇过多的水，就有可能导致植株死亡。这是因为花卉萎蔫后大量根毛遭到了损伤，吸水能力大大降低，只有生出新的根毛后才能恢复原来的吸水能力，而且，萎蔫使细胞失水，遇水后细胞壁先吸水并迅速膨胀，原生质后吸水，膨胀速度缓慢，如果这时猛然浇大量水就会造成质壁分离，使原生质受到损伤，因而引起花卉死亡。

细菌的细胞壁

细菌的细胞壁位于菌体外表面，很薄，它的平均厚度也不过15～30纳米。如果把细菌变干，细胞壁的重量约占整个细菌的10%～20%。当然，不同细菌的细胞壁厚度是不一样的，有的厚些，有的薄些。无论薄厚，细胞壁都坚韧而有弹性，它可以让细菌保持它的形状，保护细胞免受外力的损伤，同时还对细菌起到屏障保护作用。如果我们穿过细菌的细胞壁，进入细菌体内，就可以见到液体状的细胞质，它里面有高浓度的无机盐、蛋白质和糖类等营养物质。细菌体内的压力很高，差不多有5～25个大气压。但由于细胞壁的保护作用，使细菌能承受内部的巨大压力，而不致于变形或破裂。而且，正是由于细菌细胞壁的韧性，才使细菌能在许多不利的条件下生长。

科学家对细菌的细胞壁进行了深入的研究，发现它有许多奇妙的功能。比如，细胞壁上有很多微小的孔，可以让水和小分子的物质自由通过，而把大分子物质阻留住，这样，细胞内外的物质可以进行交换。细胞壁上还有多种叫做"抗原决定簇"的物质，它决定了细菌体的抗原性，抗原多数是蛋白质，不同的蛋白质有不同的抗原性。科学家可以检查出细菌细胞壁上的这些抗原，从而对细菌作出鉴定。

科学家也发现了细菌细胞壁的弱点。细菌细胞壁的主要成分是一种叫做"肽聚糖"的物质，因此，凡是能破坏

肽聚糖结构或抑制它合成的物质，都能使细胞壁损伤，这样就能让细菌变形，或者将细菌杀伤。科学家发现了细菌的这个秘密后，就可以寻找杀伤细菌的药物了。

现在人们已经知道，常用的青霉素和溶菌酶就有这个本领，它们可以在不同的环节上，破坏细胞壁，轻者让细菌不能合成完整的细胞壁，重者干脆让细菌裂解，从而对疾病起到治疗作用。

失去细胞壁的细菌

在人为条件下，比如使用青霉素抑制新细胞壁合成，或者使用溶菌酶水解细胞壁等办法，得到仅由细胞膜包裹的原生质体。任何形态的菌体，成为原生质体后，均呈球形。原生质体失去了与细胞壁有关的全部功能：

1. 失去了细胞壁的保护：原生质体对环境极其敏感，除了渗透压，震荡和极少量的表面活性剂都可以轻易瓦解原生质体。

2. 鞭毛停止运转：细胞壁是鞭毛运转的支点。

3. 细胞不能分裂：细菌繁殖二分裂的最后一步就是形成细胞壁分割亲代和子代细菌。

4. 噬菌体不能感染：噬菌体的识别位点在细胞壁上，失去了细胞壁，噬菌体不能识别宿主，感染自然不可能发生。

5. 失去了细胞壁的细菌，由于细胞膜的功能尚在，仍

然可以进行除鞭毛运转和细胞分裂以外所有的正常细胞活动。

6. 失去了细胞壁这一重要的渗透屏障，极大地提高了外源基因进入细胞的可能性。原生动物可以进行诸如DNA导入和原生质体融合等基因工程操作。

真菌细胞壁

真菌细胞壁厚约100~250nm，它占细胞干物质的30%。细胞壁的主要成分为多糖，其次为蛋白质、类脂。在不同类群的真菌中，细胞壁多糖的类型不同。真菌细胞壁多糖主要有几丁质(甲壳质)、纤维素、葡聚糖、甘露聚糖等，这些多糖都是单糖的聚合物。低等真菌的细胞壁成分以纤维素为主，酵母菌以葡聚糖为主，而高等真菌则以几丁质为主。一种真菌的细胞壁组分并不是固定的，在其不同生长阶段，细胞壁的成分有明显不同。

真核微生物细胞壁的功能与原核微生物类似，除具有固定外形外，还有保护细胞免受各种外界因子（渗透压、病原微生物等）损伤等功能。

小小科学家

会喝水也会吐水的细胞

细胞虽然很小很小，用肉眼看不到它的存在。但是，大家可别小看了它哦。它的本事可大了，它会"喝水"也会"吐水"哦。

平时我们也能感受到细胞"喝水"和"吐水"。比如说，家里在腌制鱼或肉的时候，用很多的盐抹在鱼或肉上，过了一段时间之后，可以看到装鱼或肉的碗底会出现一些水。那么这些水是哪里来的呢？这些水绝大多数是从鱼或肉中渗出来的。鱼或肉中的水又是从哪里来的呢？其实就是细胞中的水。细胞中的水会因为盐分的作用而"吐水"，这在生物学中被称为细胞失水。

我们在日常生活中，还会发现一些买来的蔬菜放了几天就会变得枯萎。但是，你把它放到水里一段时间后，就会发现枯萎的蔬菜又恢复了生机。原因就是细胞内的水分失去之后，蔬菜就会变得枯萎，而当你把它重新放回到水中时，细胞又会"喝水"了，这样植物也就自然恢复了生机。细胞"喝水"的现象在生物学中被称为细胞吸水。

那么，为什么细胞会发生失水和吸水的现象呢？原因有两个：第一，是细胞膜的选择透过性，水能自由地进入到细胞中，而盐分却会被细胞膜给阻拦到细胞外。第二，细胞内和细胞外存在浓度差，水分会从浓度高的地方向浓度低的地方转移。也就是说当细胞外的浓度高于细胞内的浓度时，水分就会进入细胞内，细胞发生吸水现象；而当细胞内的浓度高于细胞外的浓度的时候，水分就会从细胞内向细胞外转移，细胞发生失水现象。

接下来，是大家动手的时间咯。大家来观察一下细胞失水和吸水的现象。

需要材料

一个土豆（马铃薯）、两个碗、水、一些盐。

我来动动手

找来两个碗，在每一个碗中盛半碗的水。

向其中一个碗中加入一些盐，让盐全部溶解在水中。（记住多加一些，保证碗中浓度足够高。）

将土豆洗干净，切成片。（大家要注意不要切到手哦！）

拿出一片土豆放在清水中，拿出另一片土豆放在盐水中。

静置15分钟后，取出两个碗中的土豆片。观察土豆片的变化情况。

发生了什么？

放在盐水中的土豆片变得软软的了，而放在清水中的土豆片是硬硬的。

什么原因？

盐水的浓度比土豆细胞中细胞液的浓度要高，所以土

豆中的水分会到细胞外，发生细胞失水的现象，土豆片也自然变软了。而清水中的浓度比土豆细胞液的浓度低，所以清水会进入到细胞内，使得细胞发生吸水现象，土豆也自然是硬硬的。

体验制备细胞膜的方法

背景资料

动物细胞没有细胞壁，因此用动物细胞来制备细胞膜更容易。

如何才能够获得细胞膜呢？用针扎破，让细胞内的物质流出来？用镊子把细胞膜剥下来？可是细胞实在太小了，这些方法都不太可行。

水分子是一种很小的分子，可以自由通过细胞膜、细胞内的物质。细胞内的物质是有一定浓度的，如果把细胞放进清水中，水就会进入细胞，使细胞胀破，细胞内的物质流出来，这样应该可以得到细胞膜了吧。

但是，细胞里面的细胞核和细胞器也有和细胞器类似的膜，这些膜会和细胞膜混在一起。科学家发现，人和哺乳动物成熟的红细胞中没有一般真核细胞所具有的细胞核和细胞器，用这样的红细胞作实验材料，就容易制备纯净的细胞膜。此外，哺乳动物的血液也比较容易获得，因而是研究细胞膜的理想材料。

从哺乳动物的红细胞中分离细胞膜，第一步是将血液收集在加有抗凝剂的容器内，用低速离

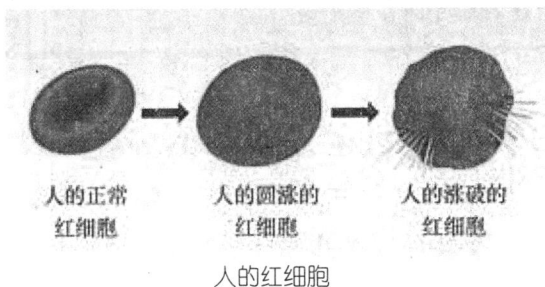

人的正常红细胞　　人的圆漾的红细胞　　人的涨破的红细胞

人的红细胞

心的方法从血液中分离出红细胞，然后用等渗缓冲液反复洗涤，经多次离心，去除血浆。第二步是在红细胞中加入低渗缓冲液，由于低渗溶液的作用，大量水分进入细胞，使红细胞胀破而溶血。第三步是将溶血的红细胞反复而充分地高速离心、洗涤，去除血红蛋白和其他细胞内含物，最终获得比较纯净的红细胞膜。

小知识链接

红细胞溶血是指红细胞破裂，血红蛋白溢出溶解，简称溶血。这里用低渗溶液比如清水使红细胞吸水涨破，从而溶血。

活动目标

1. 体验用哺乳动物红细胞制备细胞膜的基本方法。

2. 使用高倍显微镜观察制备细胞膜过程中细胞的变化。

实验材料、用具及试剂

1. 材料　新鲜的哺乳动物血液。

2. 用具　离心机，离心管，滴管，显微镜，载玻片，盖玻片，吸水纸，小烧杯。

3. 试剂　柠檬酸钠或肝素（抗凝剂），生理盐水（质量分数为0.9%的NaCl溶液），蒸馏水或清水。

操作步骤

准备工作：准备一定量的新鲜的哺乳动物血液，如羊血或猪血，加入适量抗凝剂后在冰箱中静置一昼夜。用滴管将上清液吸去。再吸取1ml的沉淀物，放入离心管中，加入生理盐水2ml，在2000r/min条件下离心5min。去除上清液，在沉淀中再加入生理盐水2ml，再离心一次，去除上清液，留沉淀备用。以上操作的目的是洗去血浆成分，从而使红细胞能更好地吸水涨破。

1. 取一个5ml的小烧杯，加入生理盐水2～3ml。

2. 用滴管在沉淀的下层吸取一小滴血细胞，滴入小烧杯的生理盐水中，以达到稀释红细胞的目的，以免观察时由于细胞密度太大，影响观察效果。

3. 取另一个滴管，在小烧杯中轻轻搅拌，然后吸取少量的血细胞稀释液，在载玻片的中央滴很小的一滴，加盖玻片。

4. 先在低倍镜下观察红细胞的正常形态，可见其边缘完整发亮。

5. 在盖玻片的一侧加一滴蒸馏水或清水，在另一侧非常小心地用吸水纸慢慢地吸引，防止把红细胞全部吸入吸水纸中而影响观察。边加水边观察，注意红细胞的形态变化。红细胞会随着水流向一侧漂移，观察时注意移动玻片。红细胞体积逐渐变大，变得非常鼓胀，在视野中可以找到少数胀破的红细胞，它们已失去完整发亮的边缘，变成弥散状。

第三章 细胞工厂中的 车间与环境

　　前面的课程已经告诉我们，细胞是生物体结构与功能的基本单位，人们经常把细胞比作"工厂"，那么各位同学有没有去过工厂参观呢？是的，工厂里面又有很多的车间，如有生产车间、包装车间、加工车间等，而我们今天要认识的细胞器就相当于工厂里面的各种车间，它们各司其职，共同保证了整个细胞的良好运行。下面牛牛将带领着大伙去认识细胞里的各种"车间"，"车间"所处的环境——细胞质，以及要是这些"车间"罢工了会给我们带来什么影响。

"工厂"的环境

"工厂车间"所在地

细胞质又称胞浆，是由细胞质基质、内膜系统、细胞骨架和包涵物组成，在生活状态下为透明的胶状物。基质指细胞质内呈液态的部分，是细胞质的基本成分，主要含有多种可溶性酶、糖、无机盐和水等。细胞器是分布于细胞质内、具有一定形态、在细胞生

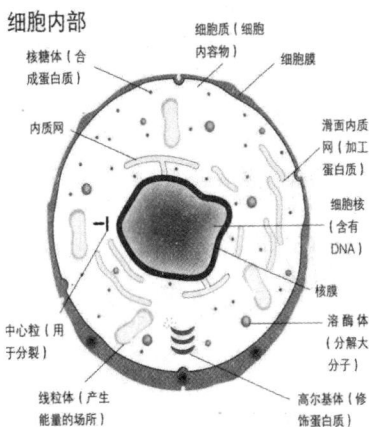

细胞结构示意图

理活动中起重要作用的结构，包括：线粒体、叶绿体、内质网、内网器、高尔基体、溶酶体、微丝、微管、中心粒等。

细胞质换句话来说是细胞膜以内、细胞核以外的原生质，活细胞的细胞质处于流动的状态。

细胞质有什么样的作用呢？牛牛将在这里一一讲解。细胞质是进行新陈代谢的主要场所，绝大多数的生物化学反应都在细胞质中进行。同时它对细胞核也有调控作用。

细胞质膜以内、细胞核以外的部分，由均质半透明的胞质溶胶和细胞器及内含物组成。胞质溶胶约占细胞体积的1/2，含无机离子（如K^+、Mg^{2+}、Ca^{2+}等）、脂类、糖

类、氨基酸、蛋白质（包含酶类及构成细胞骨架的蛋白）等。骨架蛋白与细胞形态和运动密切相关，被认为对胞质溶胶中酶反应提供了有利的框架结构。绝大部分物质中间代谢（如糖酵解作用、氨基酸、脂肪酸和核苷酸代谢）和一些蛋白的修饰作用（如磷酸化）在胞质溶胶中进行。悬浮在胞质溶胶中的细胞器，有具界膜的和无界膜的，它们参与了细胞的多种代谢途径。内含物则是在细胞生命代谢过程中形成的产物，如糖原、色素粒、脂肪滴等。

后面我们将大致介绍一下细胞质中的细胞基质以及细胞质与细胞基质之间的区别。

细胞基质是除去能分辨的细胞器和颗粒以外的细胞质中胶态的基底物质。由水，无机盐，脂质，糖类，核苷酸，氨基酸和多种酶等组成。在细胞质基质中，进行多种化学反应。

细胞质与细胞基质的区别：真核生物细胞质，有细胞基质、细胞骨架和各种细胞器。

细胞质基质也称为细胞浆，是富含蛋白质（酶）、具有一定黏度、能流动的、半透明的胶状物质，是细胞重要的组分，具有以下功能：

1. 代谢场所。很多代谢反应如糖酵解、戊糖磷酸途径、脂肪酸合成、蔗糖的合成等都在细胞质基质中进行，而且这些反应所需的底物都由基质提供。

2. 维持细胞器的结构与功能。细胞质基质不仅为细胞器的实体完整性提供所需要的离子环境，供给细胞器行使功能所必需的底物与能量，而且流动的细胞基质十分有利于各细胞器与基质间进行物质与能量的交换。

> ## 小知识链接
>
> 细胞质遗传，由细胞质基因决定性状表现的遗传现象，其物质基础是细胞质中的DNA。特点是①母系遗传（是指两个具有相对性状的亲本杂交，不论正交或反交，子一代总是表现为母本性状的遗传现象，母系遗传属细胞质遗传。），不论正交还是反交，F1性状总是受母本（卵细胞）细胞质基因控制；②杂交后代不出现一定的分离比。
>
> 原因有下面两条：
>
> 1. 受精卵中的细胞质几乎全部来自卵细胞；
>
> 2. 减数分裂时，细胞质中的遗传物质随机不均等分配。

"工厂"内的各个车间

动力车间

科学研究表明飞翔鸟类胸肌细胞中线粒体的数量比不飞翔鸟类的多，运动员肌细胞线粒体的数量比缺乏锻炼的

人多，在体外培养细胞时，新生细胞比衰老或病变细胞的线粒体多。各位朋友有没有想过这到底是为什么呢？要解释这些现象，就要了解现在牛牛给大伙讲的动力车间——线粒体。

线粒体是细胞进行有氧呼吸的主要场所，细胞生命活动所需能量的95%来自线粒体。鸟类飞翔、运动需要大量能量，新生细胞的生命活动比衰老细胞、病变细胞旺盛，因而这些细胞中线粒体的数量较多。

线粒体的剖析示意图

科学研究里经常会说这样一句话，有什么样的结构就会出现什么样的功能，即结构与功能相适应。大伙想清晰明了地了解线粒体的功能，就要从它的结构上去剖析了，牛牛将从这方面入手和大伙分享线粒体的结构，之后再过渡到它的功能上去。

那么线粒体有什么样的结构呢？我们可以通过一个结构图来先了解一下它的形状。

线粒体的结构与功能 {

形状：多样，如短棒状

分布：动、植物细胞中

结构： {
外膜：平滑

内膜：向内折叠形成嵴

基质：内膜内液态部分
}

酶的分布：（有氧呼吸有关的酶）内膜、基质

功能：有氧呼吸的主要场所（动力车间）
}

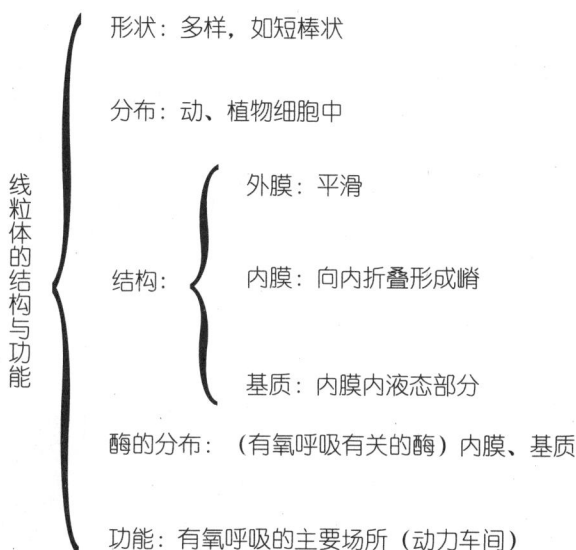

　　线粒体的形状多种多样，一般呈线状，也有粒状或短线状。光镜下常见线粒体呈线状和颗粒状，也可呈环形、哑铃形、分枝状等，随细胞生理状况而变。

　　线粒体的直径一般在 $0.5\sim1.0\mu m$，在长度上变化很大，一般为 $1.5\sim3\mu m$，长的可达 $10\mu m$，人的成纤维细胞的线粒体则更长，可达 $40\mu m$。不同组织在不同条件下有时会出现体积异常膨大的

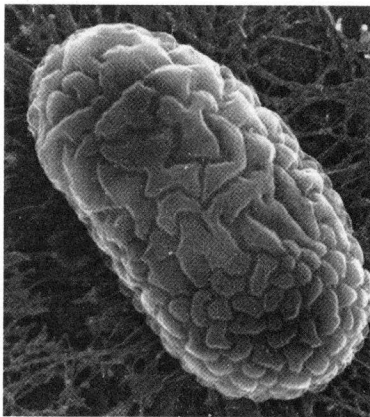

电子显微镜下的线粒体

线粒体，称为巨型线粒体。

线粒体分布于动、植物细胞中，但是人体成熟的红细胞以及蛔虫等细胞是不含线粒体的。根据生物进化过程当中，结构适应环境的原则，哪儿需要的能量多，哪儿的线粒体就多。毕竟线粒体是生物的能量供给站。就与前面和大伙分析的几个现象一样，心肌细胞的线粒体数量较多，这是因为心肌运动量大，不停地收缩，需能量多；冬眠状态下肝细胞中线粒体比在常态下多，是因为冬眠时，动物维持生命活动的能量主要靠肝脏，肝脏代谢加强，所需能量也多。总之线粒体的分布多少是和细胞新陈代谢的强弱有关的。

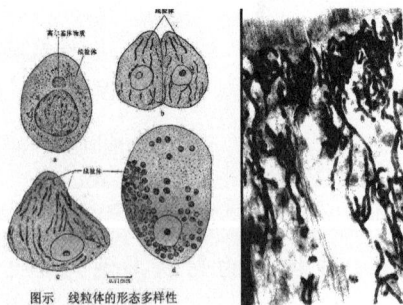

图示　线粒体的形态多样性

光镜下：线状、杆状、粒状的线粒体

这个结果也是通过一个实验调查结果得出来的。

德国科学家华乐柏在研究线粒体时，统计了某种动物部分细胞中线粒体数量如下表。

常态肝细胞	肾皮质细胞	平滑肌细胞	心肌细胞	动物冬眠状态肝细胞
950	400	260	12500	1350

在电子显微镜下，线粒体为内外两层单位膜构成的封

闭的囊状结构。可分为四个部分：

1.外膜。包围在线粒体外表面的一层单位膜，厚6~7nm，平整、光滑，封闭成囊。外膜含运输蛋白（通道蛋白），形态上为排列整齐的筒状小体，中央有孔，孔径1~3nm，允许分子量1kD以内的物质自由通过，构成外膜的亲水通道，为一个单位膜，膜中蛋白质与脂类含量几乎均等。物质通透性较高。

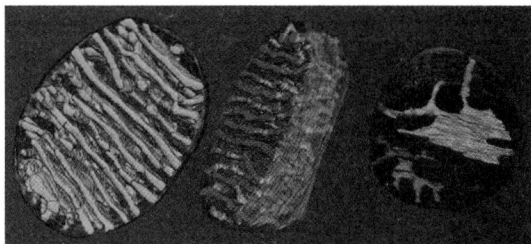
线粒体的内膜示意图

2.内膜。高度特化的单位膜，厚4.5nm，膜上蛋白质占膜总重量76%；通透性小，具通透屏蔽作用，许多物质不能自由透过；如：H^+、ATP、丙酮酸等物质透过必须借助膜上的载体或通透酶。向内褶叠形成嵴，嵴的存在增大了线粒体内膜的表面积；两种类型的嵴：

板层状：高等动物细胞线粒体嵴。

管状：原生动物和低等动物细胞线粒体嵴。

内膜内表面排列着一些颗粒状的结构，称为基粒。基粒包括三个部分：头部、腹部、柄部。与线粒体内膜内表面及嵴膜基质面垂直排列。

3.膜间隙。也称外室，为内外膜之间围成的空间。其

内充满无定形物，主要是可溶性酶、反应底物以及辅助因子等。

4. 基质。由内膜封闭形成的空间，其中含有脂类、蛋白质、核糖体、RNA及DNA，内含大量的氧化酶。

之后让我们来了解线粒体的化学组成以及酶的分布。线粒体的化学组成主要有两种：蛋白质和脂类。其中蛋白质占线粒体干重的65～70%（又可以分为可溶性蛋白、不溶性蛋白两种，可溶与不可溶是对于水而言的），脂类占线粒体干重的25%~30%。脂类中90%为磷脂，胆固醇含量极少。

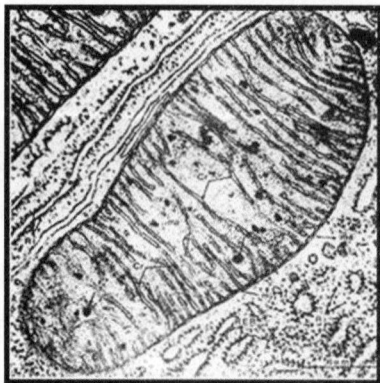

扫描电镜照片：线粒体立体结构　　　透射电镜照片：线粒体内部结构

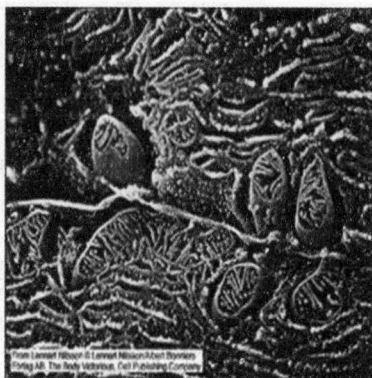

酶的分布情况又是怎么样的呢？外膜：合成线粒体脂类的酶；内膜：呼吸链酶系、ATP合成酶系；基质：三羧酸循环反应酶系、丙酮酸与脂肪酸氧化酶系、蛋白质与核酸合成酶系（半自主性）。

我们了解了线粒体的结构，那么它会有什么样的功能呢?

　　线粒体是有氧呼吸产生能量的主要场所。植物细胞的能量转换器是叶绿体和线粒体。线粒体能将细胞中的一些有机物当燃料,使这些与氧结合,经过复杂的过程,转变为二氧化碳和水,同时将有机物中的化学能释放出来,供细胞利用。由于线粒体的作用,生物组织内有机物能在氧的参与下转变成无机物,如二氧化碳和水,并为生物组织和细胞提供进行生命活动所需的能量或ATP。

　　线粒体基质内含有三羧酸循环所需的全部酶类,内膜上具有呼吸链酶系及ATP酶复合体。线粒体能为细胞的生命活动提供场所,是细胞内氧化磷酸化和形成及ATP的主要场所。另外,线粒体有自身的DNA和遗传体系,但线粒体基因组的基因数量有限,因此,线粒体只是一种半自主性的细胞器。

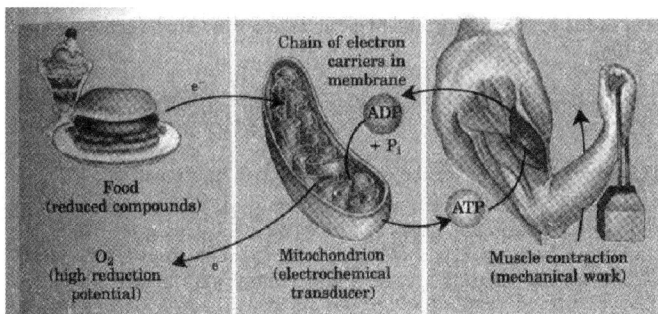

线粒体利用食物里面的化学能转变人类需要的ATP

与线粒体有关的疾病你知道多少呢？

1.Leber遗传性视神经病。

为一种急性或亚急性发作的母系遗传病，男女病人比例为5:1~9:1。

Leber遗传性视神经病（英文缩写：LHON）是被证实的第一种母系遗传的疾病，至今尚未发现男性患者将此病传给后代。1871年Leber收集了16个家庭中55例，首次描述了该病的临床特征，并明确为一种独立的遗传性疾病。Eriksen于1972年提出本病为线粒体DNA的突变所致。1988年Wallace等人在患LHON家族中鉴定出线粒体DNA第11778碱基对发生突变。本病具有母系遗传和倾向于男性发病的特点，发病年龄一般为青少年时期，我国平均为20.2岁。本文LHON在人群中的发病率不太高，但其男性患者明显多于女性，本病的患病率男与女之比为3:1，另有文献报道，欧洲最高为9:1，我国患病男女之比为57%：43%，与日本（60：40）接近。

2. 肌阵挛性癫痫伴碎红肌纤维病——MERRF综合症。

本病发病症状为多系统紊乱，肌阵挛性癫痫，小脑性共济失调，轻度痴呆，耳聋，脊髓退化。大量团块状线粒体聚集于肌细胞中（可被特异性染料染成红色——破碎红纤维）。大脑卵圆核与齿状核有神经元的缺失。

3. MELAS综合症。

也称作线粒体肌病脑病伴乳酸酸中毒及中风样发作综

合症，40岁前，复发休克、肌阵挛、共济失调、痴呆耳聋，少数呕吐、偏头痛、糖尿病眼外肌麻痹等。异常的线粒体不能代谢丙酮酸，导致大量的乳酸形成，在体液和血液中累积。

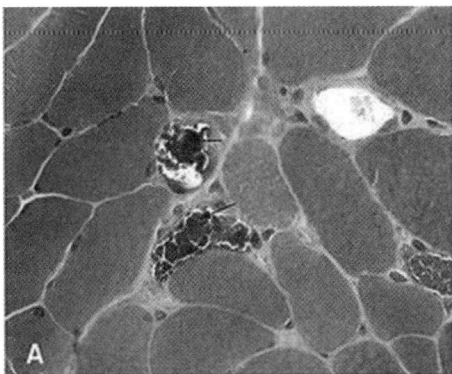

细胞中的红色破碎纤维

MELAS综合症

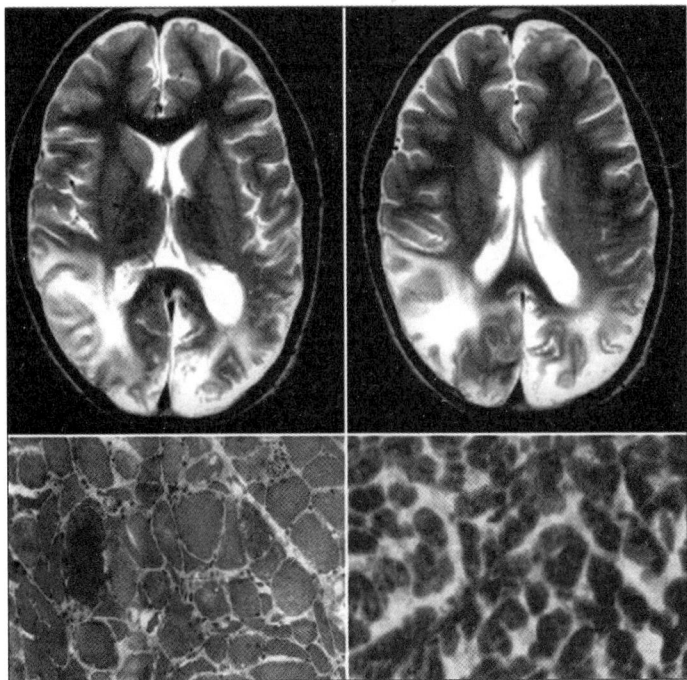

发生在骨骼肌中的
线粒体异常

发生在心肌中的线
粒体异常

特征性病理改变：脑和肌肉的小血管管壁中有大量形态异常的线粒体聚集。症状：休克、痴呆、癫痫等，眼外肌麻痹、肌病耳聋。

4. KSS型线粒体脑病。

表现为三联征：20岁前发病，CPEO（慢性进行性眼外肌麻痹）、视网膜色素变性和三度房室传导阻滞，表现为眼睑下垂，两侧眼外肌对称瘫痪，眼球运动障碍，可伴咽肌和四肢肌无力。常伴有心脏传导阻滞、小脑共济失调、脑脊液蛋白增高，神经性耳聋和智能减退等。病情进展较快，多在20岁前死于心脏病。这些是由线粒体DNA缺失所导致的。

养料制造车间

叶片为什么是绿色的？植物中还有哪些部分是绿色的？同学们有没有仔细观察过呢？今天就让牛牛带领着大伙去认识其中的奥秘吧。

叶绿体是绿色植物细胞内进行光合作用的结构，是一种质体。质体有圆形、卵圆形或盘形3种形态。叶绿体含有叶绿素a、b而呈绿色，叶绿素a、b的功能是吸收光能，通过光合作用将光能转变成化学能。叶绿体扁球状，厚约2.5微米，直径约5微米，具双层膜，内有间质，间质中含呈溶解状态的酶和片层。片层由闭合的中空盘状的类囊体堆积而成，类囊体是为形成高能化合物三磷酸腺苷（ATP）所必需。

高等植物的叶绿体存在于叶肉细胞中以及幼茎的皮层细胞中。叶绿体一般是绿色扁平的快速流动的椭球形或球形，可以用高倍光学显微镜观察它的形态和分布。

在高等植物中叶绿体像双凸或平凸透镜，高等植物的叶肉细胞一般含50～200个叶绿体，可占细胞质的40%，叶绿体的数目因物种细胞类型、生态环境、生理状态而有所不同。

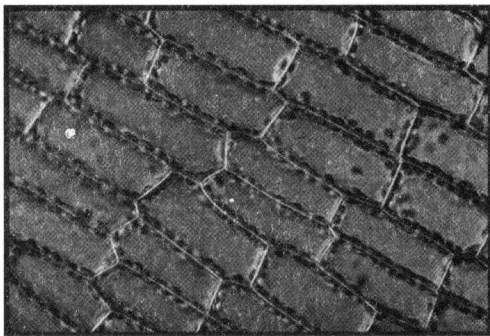

光学显微镜下的叶绿体

在藻类中叶绿体形状多样，有网状、带状、裂片状和星形等等，而且体积巨大，可达100um。

叶绿体由叶绿体外被、类囊体和基质3部分组成，含有3种不同的膜——外膜、内膜、类囊体膜和3种彼此分开的腔——膜间隙、基质和类囊体腔。

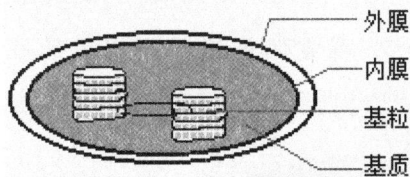

叶绿体的结构图

下面我们就分别介绍这3种组成结构。

叶绿体外被由双层膜组成，膜间为10~20nm的膜间隙。外膜的渗透性大，如核苷、无机磷、蔗糖等许多细胞质中

的营养分子可自由进
入膜间隙。

内膜对通过物质
的选择性很强，CO_2、
O_2、Pi、H_2O、磷酸
甘油酸、丙糖磷酸、
双羧酸和双羧酸氨基
酸可以透过内膜，
ADP、ATP、己糖磷

外膜
内膜
基粒

叶绿体的形态结构图

酸、葡萄糖及果糖等透过内膜较慢。蔗糖、C5糖双磷酸
酯，碳糖磷酸酯，焦磷酸不能透过内膜，需要特殊的转运
体即载体才能通过内膜。

总之叶绿体是含有内、外双层膜的一种结构，这里就
要提出一个问题了，它和前面讲的线粒体有什么区别和联
系呢？请观察下面这两幅图进行比较并得出结论。

类囊体是单层膜围成的扁平小囊，沿叶绿体的长轴平
行排列，其膜上含有光合色素和电子传递链组分，又称光

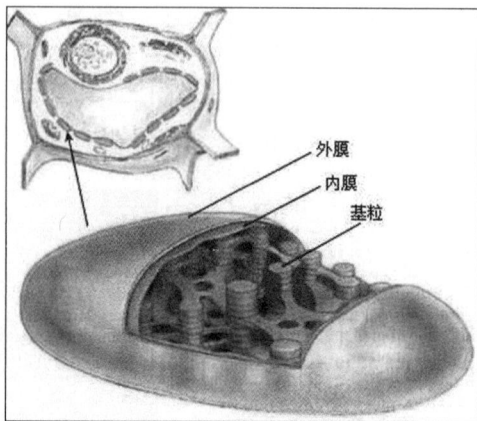

线粒体结构示意图

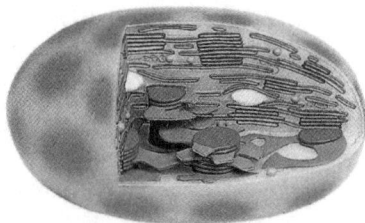

叶绿体结构示意图

		线粒体	叶绿体	
分布		动植物细胞中	主要存在于植物的叶肉细胞	
形态		多样，如短棒状	扁平的椭球形或球形	
结构	双层膜	外膜	与周围的细胞质基质分开	
		内膜	向内折叠形成嵴	是一层光滑的膜
		基粒		圆饼状的囊状结构堆叠而成，含色素和与光反应有关的酶
		基质	含与有氧呼吸有关酶	含与暗反应有关的酶
			都含有少量的DNA和RNA（都能半自主复制）	
功能			有氧呼吸的主要场所	光合作用的场所

线粒体与叶绿体比较

合膜。

　　许多类囊体像圆盘一样叠在一起，称为基粒，组成基粒的类囊体，叫做基粒类囊体，构成内膜系统的基粒片层。基粒直径约0.25~0.8μm，由10~100个类囊体组成。每个叶绿体中约有40~60个基粒。

　　贯穿在两个或两个以上基粒之间没有发生垛叠的类囊体称为基质类囊体，它们形成了内膜系统的基质片层。

　　由于相邻基粒经网管状或扁平状基质类囊体相联结，全部类囊体实质上是一个相互贯通的封闭系统。类囊体作为单独一个封闭膜囊的原始概念已失去原来的意义，它所表示的仅仅是叶绿体切面的平面形态。

　　类囊体膜的主要成分是蛋白质和脂类（60:40），脂类中的脂肪酸主要是不饱和脂肪酸（约87%），具有较高的流动性。光能向化学能的转化是在类囊体上进行的，因此

类囊体膜亦称光合膜，类囊体膜的内在蛋白主要有细胞色素复合体、质体醌、质体蓝素、铁氧化还原蛋白、黄素蛋白、光系统I、光系统II复合物等。

基质是内膜与类囊体之间的空间，主要成分包括：

碳同化相关的酶类：如RuBP羧化酶占基质可溶性蛋白总量的60%。

叶绿体DNA、蛋白质合成体系：如，ctDNA、各类RNA、核糖体等。

一些颗粒成分：如淀粉粒、质体小球和植物铁蛋白等。

清晰可见的类囊体基粒

我们已经了解了叶绿体的结构，那么它会有什么样的功能呢？因为叶绿体上有它进行光合作用的酶和色素，所以它的主要作用是光合作用。叶绿体是藻类和植物体中进行光合作用的器官。

叶绿体中的色素主要含有叶绿素、胡萝卜素和叶黄素，其中叶绿素的含量最多，遮蔽了其他色素，所以呈现绿色。

几乎可以说一切生命活动所需的能量来源于太阳能（光能）。绿色植物是主要的能量转换者，因为它们均含有叶绿体这一完成能量转换的细胞器，它能利用光能同化二氧化碳和水，合成贮藏能量的有机物，同时产生氧。所以绿色植物的光合作用是地球上有机体生存、繁殖和发展的根本源泉。

小知识链接

黄化病指茎叶的一部或全部退绿，而出现黄化或黄绿化的现象。这种病有的是由于养分的过分不足而使得叶绿素合成减少引起的生理性疾病。

小知识链接

水稻白化苗是怎么一回事？

水稻白化苗有两种：①零星散发的，叶片一出生就发生白化，或部分长条形白化，其中全白的苗，大多数在三叶期枯死；②叶色从黄到白，常从尖端开始，此时如果采取灌水、施肥等措施或天气转晴暖，又能恢复生长。

白化苗病发生的原因：第一种属于生理性遗传性病害；第二种是因秧苗受低温伤害，引起叶绿素分解所致。

白化苗病的技术措施：属于遗传性白化苗，一般少见，出现后难以防治。对于因低温冷害引起的白化苗，一是灌水护苗；二是增施速效氮肥，增强苗体抵抗低温的能力。

73

蛋白质合成和加工的车间

前面我们讲的两种细胞器都是双层膜的，现在牛牛给大伙一一讲解单层膜的细胞器，就从蛋白质的合成和加工的车间——内质网开始吧。

内质网是细胞内一个精细的膜系统，是交织分布于细胞质中的膜的管道系统，占细胞总膜面积的一半，是真核细胞中最多的膜。

除红细胞外，内质网或多或少地见于所有各种细胞。内质网为生物膜构成的互相通连的片层隙状或小管状系统，膜片间的隙状空间称为池，通常与细胞外隙和细胞浆基质之间不直接相通。这种细胞内的膜性管道系统一方面构成细胞内物质运输的通路，另一方面为细胞内各种各样的酶反应提供广阔的反应面积。内质网与高尔基体及核膜相连续。

内质网分两类，一类是膜上附着核糖体颗粒的叫粗糙型内质网，另一类是膜上光滑的，没有核糖体附在上面，叫光滑型内质网。粗糙型内质网的功能是合成蛋白质大分子，并把它从细胞输送出去或在细胞内转运到其他部位。凡蛋白质合成旺盛的细胞，粗糙型内质网便发达。在神经细胞中，粗糙型内质网的发达与记忆有关。光滑型内质网的功能与糖类和脂类的合成、解毒、同化作用有关，并且还具有运输蛋白质的功能。

下面我们来分别了解这两种内质网结构与功能。

粗面内质网在病理状态下，可发生量和形态的改变。在蛋白质合成及分泌活性高的细胞（如浆细胞、胰腺腺

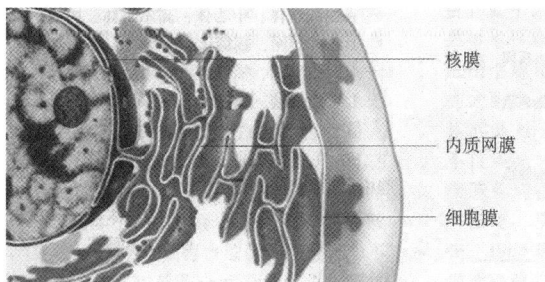

膜含量最多的内质网

泡细胞、肝细胞等）中以及细胞再生和病毒感染时，粗面内质网增多。粗面内质网的含量高低也常反映肿瘤细胞的分化程度。相反，在萎缩的细胞（如饥饿时）以及有某种物质贮积的细胞，其粗面内质网则萎缩、减少。当细胞受损时，粗面内质网上的核蛋白体往往脱落于胞浆内，以致粗面内质网的蛋白合成下降或消失；当损伤恢复时，其蛋白合成也随之恢复。

在由各种原因引起的细胞变性和坏死过程中，粗面内质网一般出现扩张，较轻的和局限性的扩张只有在电镜下才能窥见，重度扩张时则在光学显微镜下可表

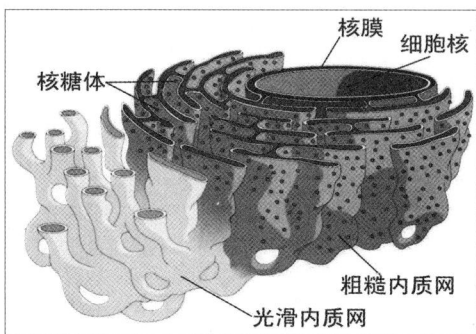

细胞中的两种内质网

现为空泡形成，电镜下有时可见其中含有中等电子密度的

絮状物。在较强的扩张时，粗面内质网同时互相离散，膜上的颗粒呈不同程度的脱失，进而内质网本身可断裂成大小不等的片段和大小泡。这些改变大多见于细胞水

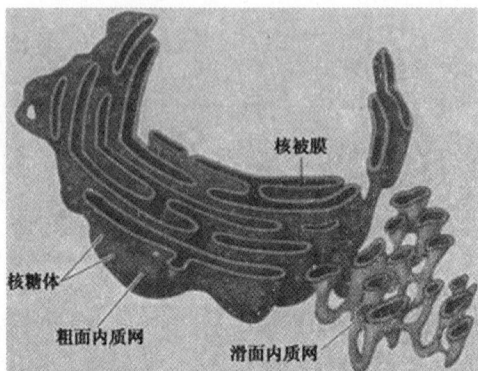

两种内质网示意图

肿时，故病变不仅见于内质网，也同时累及线粒体和胞浆基质，有时甚至还累及溶解体。

粗面内质网的功能主要有以下三点：

1. 蛋白质合成。

蛋白质都是在核糖体上合成的，并且起始于细胞质基质，但是有些蛋白质在合成开始不久后便转在内质网上合成，这些蛋白质主要有：①向细胞外分泌的蛋白，如抗体、激素；②跨膜蛋白，并且决定膜蛋白在膜中的排列方式；③需要与其他细胞组分严格分开的酶，如溶酶体的各种水解酶；④需要进行修饰的蛋白，如糖蛋白。

2. 蛋白质的修饰与加工。

包括糖基化、羟基化、酰基化、二硫键形成等，其中最主要的是糖基化，几乎所有内质网上合成的蛋白质最终被糖基化。糖基化的作用是：①使蛋白质能够抵抗消化酶的作用；②赋予蛋白质传导信号的功能；③某些蛋白只有

在糖基化之后才能正确折叠。

3. 新生肽链的折叠、组装和运输。

新生肽链由内质网输出的膜泡运输，这种膜泡由内质网的排出位点以出芽的方式排出，内质网的排出位点没有结合核糖体，随机分布在内质网上。不同的蛋白质在内质网腔中停留的时间不同，主要取决于蛋白质完成正确折叠和组装的时间，需要消耗能量。有些无法完成正确折叠的蛋白质被输出内质网，转入溶酶体中降解掉，大约90%的新合成的T细胞受体亚单位和乙酰胆碱受体都被降解掉，而从未到达靶细胞膜。

光面内质网的功能多种多样，即参与糖原的合成，又能合成磷脂、糖脂以及糖蛋白中的糖成分。此外，还在甾类化合物的合成中起重要的作用，故在合成甾类激素的细胞中特别丰富。光面内质网含有脱甲基酶、脱羧酶、脱氨酶、葡糖醛酸酶以及混合功能氧化酶等，因而光面内质网能分解甾体、能灭活药物和毒物并使其能被排除（如肝细胞）。肠上皮细胞的光面内质网参与脂肪的运输，心肌细胞的光面内质网（肌浆网）则参与心肌的刺激传导。

下面我们就详细地介绍光面内质网的功能。

合成膜脂：大多数膜脂是完全在内质网中合成的，例外的情况包括：①鞘磷脂是在内质网上开始合成的，但完成于高尔基体；②某些线粒体和叶绿体独有的膜脂是驻留在这些细胞器中的酶催化合成的。光面内质网合成的膜脂

以膜泡运输的方式转运至高尔基体、溶酶体和质膜上，或借磷脂转移蛋白形成水溶性复合物，转至其他膜上。

解毒作用：光面内质网中的酶系属于单加氧酶，又称为多功能氧化酶、羟化酶，主要分布在光面内质网中，但也存在于质膜、线粒体、高尔基体、过氧化物酶体、核膜等细胞器的膜中，具有解毒作用，通常可将脂溶性有毒物质代谢为水溶性物质，使有毒物质排出体外。有时也会将致癌物代谢为活性致癌物。这种酶系种类繁多，但都是通过与其他辅助成分组成一个呼吸链来实现其功能。

甾体类激素的合成：在生殖腺和肾上腺的内分泌细胞中，光面内质网、线粒体，可能还有高尔基体上的一些酶共同参与甾体类激素的合成。

调节血糖浓度：使糖元分解为磷酸和葡萄糖，释放糖至血液中。细胞中的糖元可被酶转化为磷酸化的葡萄糖，但由于膜对磷酸化的糖是高度不通透的，磷酸化的糖只有在去磷酸化以后才能通过质膜，进入血液。

除此之外，这两种内质网还有支撑作用，内质网是细胞内最丰富的膜，形成了一种网络结构，提供机械支撑作

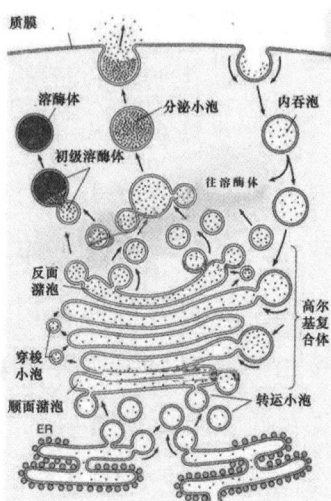

用，并成为细胞质中酶附着的支架。

蛋白质加工、分类和包装的车间

小知识链接

为什么叫高尔基体呢？是因为意大利细胞学家高尔基于1898年首次用银染方法在神经细胞中发现。为了纪念他，以他的名字命名这种细胞器。

高尔基复合体或称高尔基器是真核细胞中内膜系统的组成之一，是由光面膜组成的囊泡系统，它由扁平膜囊、大小液泡组成。

高尔基体是由数个扁平囊泡堆在一起形成的高度有极性的细胞器。常分布于内质网与细胞膜之间，呈弓形或半球形，凸出的一面对着内质网称为形成面或顺面，凹进的一面对着质膜称为成熟面或反面。顺面和反面都有一些或大或小的运输小泡，在具有极性的细胞中，高尔基体常大量分布于分泌端的细胞质中。因其看上去极像滑面内质网，因此有科学家认为它是由滑面内质网进化而来的。

生物体中高尔基复合体的数量不等，平均为每细胞20个。在低等真核细胞中，高尔基复合体有时只有1~2个，有的则可达一万多个。在分泌功能旺盛的细胞中，高尔基复合体都很多。如胰腺外分泌细胞、唾液腺细胞和上皮细胞

等，而肌细胞和淋巴细胞中高尔基复合体较少见。

细胞中的高尔基体

高尔基复合体只存在于真核细胞中，原核细胞中则无。在一定类型的细胞中，高尔基复合体的位置比较恒定，如外分泌细胞中高尔基体常位于细胞核上方，其反面朝向细胞质膜；神经细胞的高尔基体有很多膜囊堆分散于细胞核的周围。

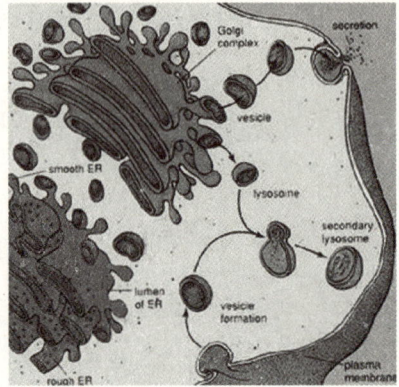

前面已经讲过高尔基体是由两种膜结构即扁平膜囊和大小不等的液泡组成。下面我们就分别介绍高尔基体的这两种结构。

扁平膜囊的直径为1μm，由单层膜构成，膜厚6~7nm，中间形成囊腔，周缘多呈泡状，4~8个扁平囊在一起，某些藻类可达一二十个，构成高尔基体的主体，称为高尔基堆。

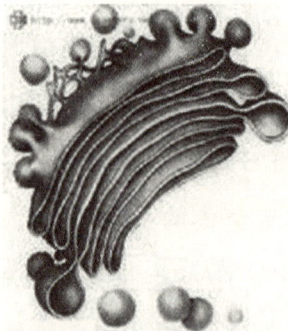

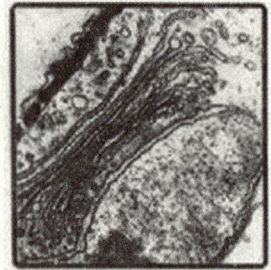

高尔基结构示意图和电子显微镜下的亚显微结构

高尔基体膜含有大约

60%的蛋白和40%的脂类，具有一些和内质网相同的蛋白成分。膜脂中磷脂酰胆碱的含量介于内质网和质膜之间。

扁平膜囊是高尔基体最富特征性的结构组分。在一般的动、植物细胞中，3~7个扁平膜囊重叠在一起，略呈弓形。

小液泡散在于扁平膜囊周围，多集中在形成面附近。一般认为小液泡是由临近高尔基体的内质网以芽生方式形成的，起着从内质网到高尔基体运输物质的作用。糙面内质网腔中的蛋白质，经芽生的小泡输送到高尔基体，再从形成面到成熟面的过程中逐步加工。较大的液泡是由扁平膜囊末端或分泌面局部膨胀，然后断离所形成。由于这种液泡内含扁平膜囊的分泌物，所以也称分泌泡。分泌泡逐渐移向细胞表面，与细胞的质膜融合，而后破裂，内含物随之排出。不同细胞中高尔基体的数目和发达程度，既决定于细胞类型、分化程度，也取决于细胞的生理状态。

高尔基体的主要功能是参与细胞的分泌活动，将内质网合成的多种蛋白质进行加工、分类与包装，并分门别类地运送到细胞的特定部位或分泌到细胞外。内质网上合成的脂类一部分也要通过高尔基体向细胞质膜等部位运输。因此，高尔基体是细胞内物质运输的交通枢纽。

1. 蛋白质和脂的运输。

高尔基复合体位于内质网和质膜之间，是膜结合核糖体合成的蛋白质分选和运输的中间站。

①内质网与高尔基体顺面间的蛋白质运输。

除了内质网结构和功能蛋白质外，其他由内质网合成的蛋白质都是通过小泡转运到高尔基体的顺面，小泡与顺面高尔基体网络融合之后，转运的蛋白质进入高尔基体腔，这是内质网与高尔基体间的主流运输。偶尔也有从高尔基体各个部位形成的小泡沿微管回流到内质网，如图所示。

从内质网出芽形成的小泡到高尔基体顺面称为正向运输，从高尔基体形成的小泡都可独立地通过微管运回内质网。

②内质网滞留信号。

内质网结构和功能蛋白的羧基端的一个四肽序列，即KDEL信号序列是内质网的滞留信号。

KDEL信号在高尔基复合体各个部分的膜上都有相应的受体。如果内质网滞留蛋白质在出芽时被错误地包进分泌泡而离开了内质网，高尔基复合体膜上的这种信号受体蛋白就会与逃出的内质网蛋白结合，并形成小泡，将这些内质网蛋白"押送"回到内质网。

内质网腔蛋白的羧基端都有KDEL信号序列，是内质网滞留信号。KDEL受体主要位于高尔基体的顺面膜囊和内质网到高尔基体顺面运输小泡上，主要作用是识别KDEL信号并与之结合，然后将结合的内质网蛋白运回内质网。

③蛋白质从顺面高尔基体网络向反面高尔基体网络运输。

从内质网分泌
出来的小泡同顺面
高尔基体网络融合
后成为高尔基体的
一个部分，然后经
过中间膜囊以出芽
形式分泌小泡（又
称穿梭小泡）逐步

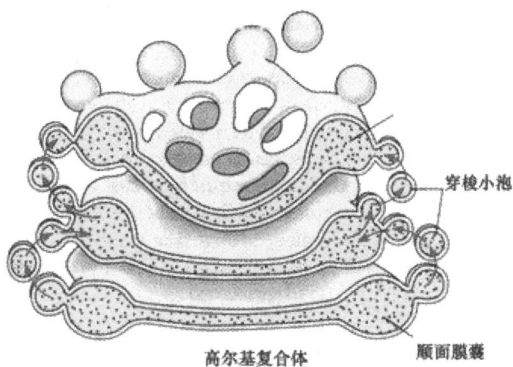

蛋白质从顺面向反面高尔基体网络运输图

向反面高尔基体网络转运，转运时，分泌小泡与高尔基体
膜囊的融合和出芽都是发生在两侧，该过程伴随有蛋白质
的各种加工。

2. 蛋白质糖基化。

糖链合成起始于内质网，完成于高尔基体。在内质网
形成的糖蛋白具有相似的糖链，由顺面进入高尔基体后，
在各膜囊之间的转运过程中，发生了一系列有序的加工和
修饰，原来糖链中的大部分甘露糖被切除，但又被多种糖
基转移酶依次加上了不同类型的糖分子，形成了结构各异
的寡糖链。糖蛋白的空间结构决定了它可以和哪一种糖基
转移酶结合，发生特定的糖基化修饰。

糖基化的结果使不同的蛋白质打上不同的标记，改变
多肽的构象和增加蛋白质的稳定性。在高尔基体上还可以
将一至多个氨基聚糖链通过木糖安装在核心蛋白的丝氨酸
残基上，形成蛋白聚糖。这类蛋白有些被分泌到细胞外形

成细胞外基质或黏液层，有些锚定在膜上。

3. 膜的转化功能。

高尔基体的膜无论是厚度还是在化学组成上都处于内质网和质膜之间，因此高尔基体在进行着膜转化的功能，在内质网上合成的新膜转移至高尔基体后，经过修饰和加工，形成运输泡与质膜融合，使新形成的膜整合到质膜上。

4. 水解蛋白为活性物质。

如将蛋白质N端或C端切除，成为有活性的物质（胰岛素C端）或将含有多个相同氨基序列的前体水解为有活性的多肽，如神经肽。

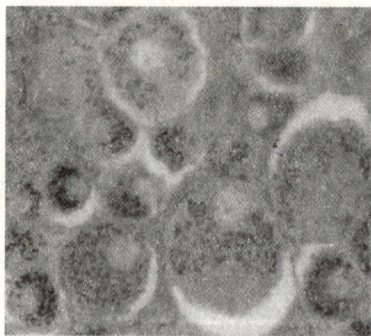

高尔基体的内部构造

5. 参与形成溶酶体。

现在一般都认为初级溶酶体的形成过程与分泌颗粒的形成类似，也起自高尔基体囊泡。初级溶酶体与分泌颗粒（主要指一些酶原颗粒），从本质上看具有同一性，因为溶酶体含多种酶（主要是各种水解酶），与酶原颗粒一样，也参与分解代谢物的作用。不同处在于：酶原颗粒是排出细胞外发挥作用，而溶酶体内的酶类主要在细胞内起作用。

6. 植物细胞壁形成

在高等植物细胞有丝分裂后期，形成细胞壁时，高尔基体数量增加。

高尔基体普遍存在于植物细胞和动物细胞中，动物细胞中的高尔基体与细胞分泌物形成有关，高尔基体本身没

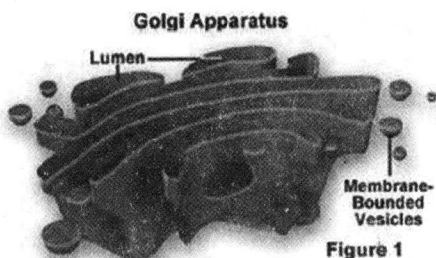

高尔基体结构图

有合成蛋白质的功能，但可以对蛋白质进行加工和转运，因此有人把它比喻成蛋白质的"加工厂"。植物细胞分裂时，高尔基体与细胞壁的形成有关。

高尔基体还有其他功能，如在某些原生动物中，高尔基体与调节细胞的液体平衡有关系。

小知识链接

你知道内质网、高尔基体、细胞膜可以相互转化吗？高尔基体膜的厚度和化学成分介于内质网膜与细胞膜之间。内质网以类似"出芽"的形式形成具有膜的小泡，小泡离开内质网，移动到高尔基体与高尔基体融合，成为高尔基体的一部分。高尔基体又以"出芽"的方式形成小泡，移动到细胞膜与细胞膜融合，成为

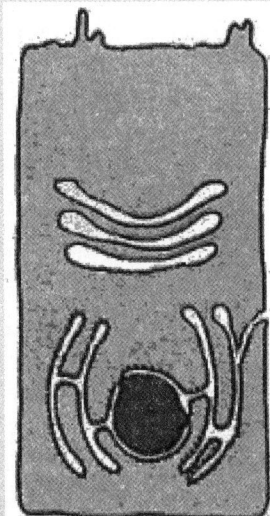

三种膜之间的相互转化

细胞膜的一部分。细胞内的生物膜在结构上具有一定的连续性。

消化车间

新宰的畜、禽，如果马上把肉做熟了吃，肉老而口味不好，过一段时间再煮，肉反而鲜嫩，这是为什么呢？要解释好这个问题就要了解好我们细胞里的消化车间——溶酶体。

溶酶体是真核细胞中的一种细胞器；为单层膜包被

细胞中的溶酶体示意图

的囊状结构，直径约$0.025 \sim 0.8$微米；内含多种水解酶，专司分解各种外源和内源的大分子物质。1955年由比利时学者C.R.de迪夫等人在鼠肝细胞中发现。

小知识链接

外源性是一个生物学概念，但医学中也经常用到，和内源性相对应，指一切非本体的因素，即来源自外部而能对本体发生作用的因素。如天气、土壤、水质是使种子发生变异的外源性因素。

截至2006年，已发现溶酶体内有50余种酸性水解酶，包括蛋白酶、核酸酶、磷酸酶、糖苷酶、脂肪酶、磷酸酯酶及硫酸脂酶等。这些酶控制多种内源性和外源性大分子物质的消化。因此，溶酶体具有溶解或消化的功能，为细胞内的消化器官。

溶酶体有3个特点：1. 溶酶体膜蛋白多为糖蛋白，溶酶体膜内表面带负电荷。所以有助于溶酶体中的酶保持游离状态。这对行使正常功能和防止细胞自身被消化有着重要意义；2. 所有水解酶在pH＝5左右时活性最佳，但其周围胞质中pH值为7.2。溶酶体膜内含有一种特殊的转运蛋白，可以利用ATP水解的能量将胞质中的H$^+$（氢离子）泵入溶酶体，以维持其pH为5；3. 只有当被水解的物质进入溶酶体内时，溶酶体内的酶类才行使其分解作用。一旦溶酶体膜被损，水解酶逸出，会导致细胞自溶。

我们已经知道溶酶体的结构和其中的酶，现在就进一步去探索它的作用吧，它的作用其实就和它所包含的酶有关。

溶酶体的功能有二：一是与食物泡融合，将细胞吞噬进的食物或致病菌等大颗粒物质消化成生物小分子，残渣通过外排作用排出细胞；二是在细胞分化过程中，某些衰老细胞

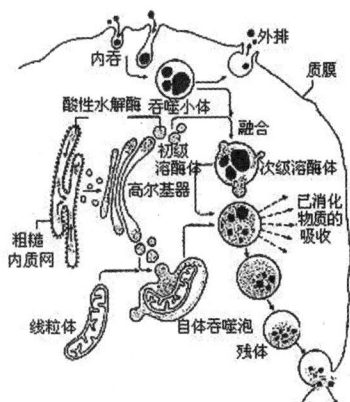

溶酶体正在发挥着它的作用

器和生物大分子等陷入溶酶体内并被消化掉，这是机体自身重新组织的需要。

溶酶体的主要作用是消化作用，是细胞内的消化器官，细胞自溶、防御以及对某些物质的利用均与溶酶体的消化作用有关。

在这里我们可以解释前面那个问题了，新宰的畜、禽，如果马上把肉做熟了吃，肉老而口味不好，过一段时间再煮，肉反而鲜嫩，这是因为溶酶体里有各种消化酶，过一段时间再煮时让这些酶水解其中的营养成分，这样味道就会更好，但是马上把肉煮了吃，很多组织还没得到分解，吃起来就会显得老而不好吃。

与溶酶体有关的疾病有哪些？

1. 矽（xī）肺。

二氧化硅尘粒（矽尘）吸入肺泡后被巨噬细胞吞噬，含有矽尘的吞噬小体与溶酶体合并成为次级溶酶体。二氧化硅的羟基与溶酶体膜的磷脂或蛋白形成氢键，导致吞噬细胞溶酶体崩解，细胞本身也被破坏，矽尘释出，后又被其他巨噬细内吞噬，如此反复进行。受损或已破坏的巨噬细胞释放"致纤维化因子"，并激活成纤维细胞，导致胶原纤维沉积，肺组织纤维化。

2. 各类贮积症

贮积症是由于遗传缺陷引起的，由于溶酶体的酶发生变异，功能丧失，导致底物在溶酶体中大量贮积，进而影响细胞功能，常见的贮积症主要有以下几类。

台-萨氏综合征：又叫黑蒙性家族痴呆症，溶酶体缺少氨基己糖酯酶A，导致神经节苷脂积累，影响细胞功能，造成精神痴呆，2~6岁死亡。患者表现为渐进性失明、痴呆和瘫痪，该病主要出现在犹太人群中。

II型糖原累积病：溶酶体缺乏葡萄糖苷酶，糖原在溶酶体中积累，导致心、肝、舌肿大和骨骼肌无力。属常染色体缺陷性遗传病，患者多为小孩，常在两周岁以前死亡。

Gaucher病：又称脑苷脂沉积病，是巨噬细胞和脑神经细胞的溶酶体缺乏β-葡萄糖苷酶造成的。大量的葡萄糖脑苷脂沉积在这些细胞溶酶体内，巨噬细胞变成Gaucher细胞，患者的肝、脾、淋巴结等肿大，中枢神经系统发生退行性变化，常在1岁内死亡。

细胞内含物病：一种更严重的贮积症，是N-乙酰葡糖胺磷酸转移酶单基因突变引起的。由于基因突变，高尔基体中加工的溶酶体前酶上不能形成分选信号，酶被运出细胞。这类病人成纤维细胞的溶酶体中没有水解酶，导致底物在溶酶体中大量贮积，形成所谓的"包涵体"。

3. 遗传性疾病。

溶酶体中酸性水解酶的合成，像其他蛋白质的生物合成过程一样，是由基因决定的，当基因突变引起酶蛋白合成障碍时，可造成溶酶体酶缺乏。机体由于基因缺陷，

可使溶酶体中缺少某种水解酶，致使相应作用物不能降解而积蓄在溶酶体中，造成细胞代谢障碍，形成溶酶体贮积病。其主要的病理表现为有关脏器（肝、肾、心肌、骨骼肌）中溶酶体过载，即细胞摄入过多或不能消化的物质，或因溶酶体酶活性降低，以及机体的年龄增长，从而大量蓄积在溶酶体内造成过载。目前已知这类疾病达40余种。其中糖原贮积病Ⅱ型是最早被发现的。由于在肝细胞常染色体上的一个基因缺陷，使溶酶体内缺乏葡萄糖苷酶，导致糖原无法降解为葡萄糖，而造成糖原在肝脏和肌肉大量积蓄。此病多发生于婴儿，临床表现为肌无力，心脏增大，进行性心力衰竭，多于两周岁以前死亡，故此病又称为心脏型糖原沉着病。

4. 休克。

在休克过程中，机体微循环发生紊乱，组织缺血、缺氧，影响了供能系统，使膜不稳定，引起溶酶体酶的外漏，造成细胞与机体的损伤。休克时机体细胞内溶酶体增多，体积增大，吞噬体显著增加。溶酶体内的酶向组织内外释放，多在肝和肠系膜等处，引起细胞和组织自溶。因此，在休克时，测定淋巴液和血液中溶酶体酶的含量高低，可作为细胞损伤轻重度的定量指标。通常以酸性磷酸酶、葡萄糖醛酸酶与组织蛋白酶为指标。关于休克时溶酶体释放的机理，有人提出是由于pH降低和三羧酸循环受阻。休克时缺血缺氧，引起细胞pH值的下降（约pH5），酸性水解酶活化，水解溶酶体膜，最终导致溶酶体膜裂解，溶酶体酶释放，使细胞、组织自溶。

5. 肿瘤。

溶酶体与肿瘤的关系日益引起人们的关注，一般有以下几种观点：

（1）致癌物质引起细胞分裂调节机能障碍及染色体畸变，可能与溶酶体释放水解酶的作用有关；

（2）某些影响溶酶体膜通透性的物质，如巴豆油、某些去垢剂、高压氧等，是促进致癌作用的辅助因子，也能引发细胞的异常分裂；

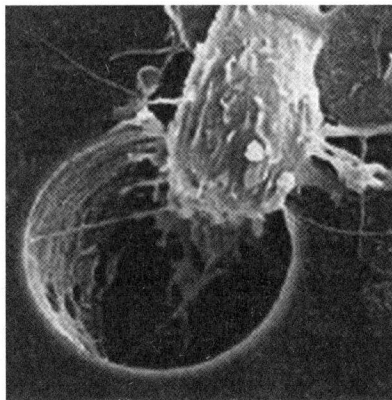

肿瘤积块

（3）在核膜残缺的情况下，核膜对核的保护丧失，溶酶体可以溶解染色质，而引起细胞突变；

（4）溶酶体代谢过程中的某些产物是肿瘤细胞增殖的物质基础；

（5）致癌物质进入细胞，在与染色体整合之前，总是先贮存在溶酶体中，这已为放射自显影所证实。

色素储存的车间

液泡是植物细胞质中的泡状结构。幼小的植物细胞（分生组织细胞），具有许多小而分散的液泡，在电子显微镜下才能看到。以后随着细胞的生长，液泡也长大，互相并合，最后在细胞中央形成一个大的中央液泡，它可占据细胞体积的90%以上。这时，细胞质的其余部分，连同细胞核一起，被挤成为紧贴细胞壁的一个薄层。有些细胞成熟时，也可以同时保留几个较大的液泡，这样，细胞核就被液泡所分割成的细胞质索悬挂于细胞的中央。具有一个大的中央液泡是成熟的植物生活细胞的显著特征，也是植物细胞与动物细胞在结构上的明显区别之一。

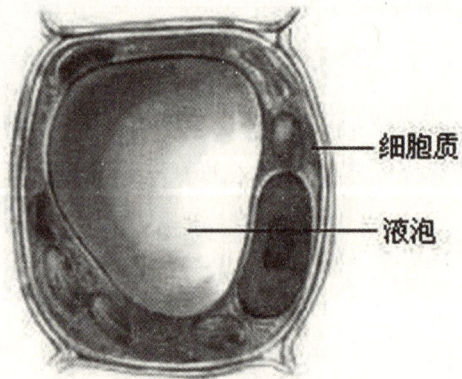

细胞质

液泡

显微镜下的液泡

液泡由一层单位膜即液泡膜围成。其中主要成分是水，不同种类细胞的液泡中含有不同的物质，如无机盐、糖类、脂类、蛋白质、酶、树胶、丹宁、生物碱、色素等。

液泡的功能主要是调节细胞渗透压，维持细胞内水分平衡，积累和贮存养料及多种代谢产物。液泡膜具有特殊的选择透性，使液泡具有高渗性质，引起水分向液泡内运动，对调节细胞渗透压、维持膨压有很大关系，并且能使多种物质在液泡内贮存和积累，例如，甜菜中的蔗糖就是贮藏在液泡中，而许多种花的颜色就是由于色素在花瓣细胞的液泡中浓缩的结果。液泡能吸收和贮存细胞质中过剩的中间产物，保证细胞质pH值的稳定，解除部分有毒物质的毒害，参与物质贮存、分解（液泡中含有水解酶，它可以吞噬消化细胞内破坏的成分）以及细胞分化等重要生命活动。液泡在植物细胞的自溶中也起一定的作用。植物有些衰老退化的细胞通过自溶被消化掉。这时液泡膜破坏，其中的水解酶被释放出来，导致细胞成分的分解和细胞的死亡。例如，蚕豆叶子中约80%的RNA是在种子萌发的最初30天内逐渐被分解的。但如果把液泡破坏，其中的核糖核酸酶释放出来的话，可在几小时内使核糖体RNA分解完。这说明一旦液泡破坏，水解酶释放出来，可以很快使细胞自溶。

　　总之，液泡功能有三个：1. 调节渗透，维持细胞渗透压和膨压；2. 贮藏和消化细胞内的一些代谢产物；3. 利于原生质体与外界发生气体与营养的交换。

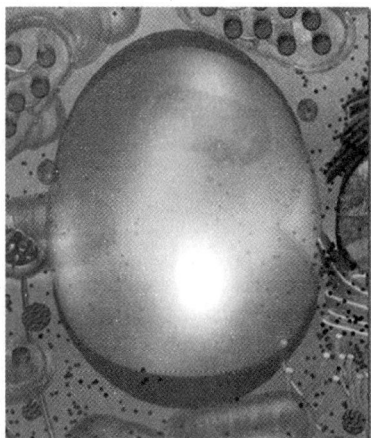

晶莹剔透的液泡

小知识链接

花青素是指什么？

花青素，又称花色素，是自然界一类广泛存在于植物中的水溶性天然色素，属黄酮类化合物。也是植物花瓣中的主要呈色物质，水果、蔬菜、花卉等五彩缤纷的颜色大部分与之有关。在植物细胞液泡不同的PH值条件下，使花瓣呈现五彩缤纷的颜色。秋天可溶糖增多，细胞为酸性，在酸性条件下呈红色，所以叶子呈红色是花青素作用，其颜色的深浅与花青素的含量呈正相关性，可用分光光度计快速测定，在碱性条件下呈蓝色。花青素的颜色受许多因子的影响，低温、缺氧和缺磷等不良环境也会促进花青素的形成和积累。

目前食品工业上所用的色素多为合成色素，几乎都有不同程度的毒性，长期使用会危害人的健康，因此天然色素就越来越引起了科研领域的关注。由于至今国内市场上还没有花青素纯品，所以提取高纯度的花青素可为花色苷类色素的深入研究与开发提供必备的表征条件和理论依据，并且有助于它的工业利用。由于市场上还没有出现花青素纯品，因此需要摄入花青素，那么目前只能通过食补的方式了，譬如通过食用蓝莓、草莓、葡萄等水果获得。

帮助物质转换的车间

微体是由单层膜围绕的内含一种或几种氧化酶类的异质性细胞器，其形态、大小及功能常因生物种类和细胞类型不同而异。根据微体内含有的酶的不同可以将微体分为过氧化物酶体、糖酵解酶体和乙醛酸循环体。因为微体里含有三个和物质转换密切相关的酶系，所以它是一个帮助物质转换的车间。

微体是含有酶的单层膜囊泡状小体，它呈圆球状、椭圆形、卵圆形或哑铃形。在动物细胞中，微体与溶酶体功能相似，但所含的酶不同于溶酶体。微体在短时间内帮助多种物质转换成别的物质。

在动物细胞中含有过氧化物酶体；在原生动物动基体目的生物中含有糖酵解酶体；而植物细胞中，既有过氧化物酶体，又有乙醛酸循环体，植物细胞中的过氧化物酶体和乙醛酸循环体是同一细胞器在不同发育阶段的不同表现形式。过氧化物酶体的主要功能是利用氧化酶和过氧化氢酶将有害物质氧化，具有解毒的作用和对细胞起保护作用，产生过氧化物。植物细胞内的乙醛酸循

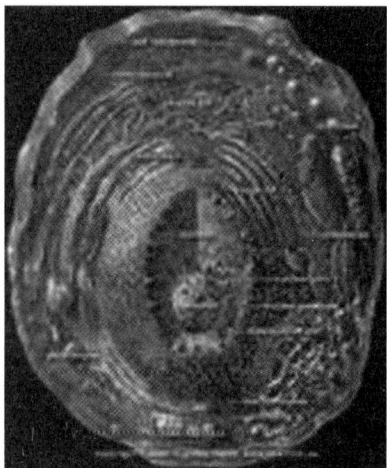

肝细胞中的微体

95

环体参与乙醛酸循环。其中一些酶能将脂肪酸核油转换成酶，以供植物早期生长需求。

长管状细胞结构

由微管蛋白二聚体组成的不分支的中空长管状细胞结构。直径约25nm，是细胞骨架成分，与细胞支持和运动有关。纺锤体、真核细胞纤毛、中心粒等均是由微管组成的细胞器。

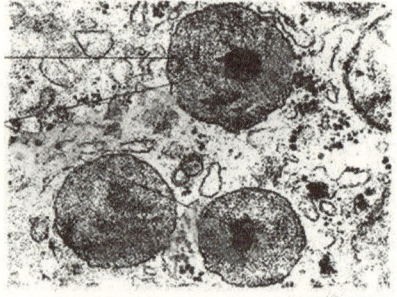

动物细胞中的微体及其过氧化物酶体

这里我们大概地了解下微管的功能。

1. 支架作用。

细胞中的微管就像混凝土中的钢筋一样，起支撑作用，在培养的细胞中，微管呈放射状排列在核外，（＋）端指向质膜（如图），形成平贴在培养皿上的形状。在神经细胞的轴突和树突中，微管束沿长轴排列，起支撑作用，

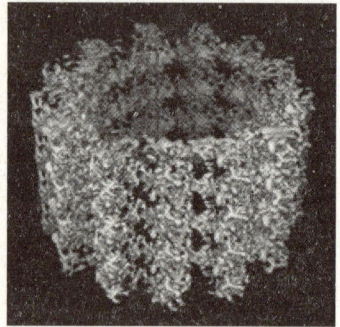

微管

在胚胎发育阶段微管帮助轴突生长，突入周围组织，在成熟的轴突中，微管是物质运输的路轨。

2. 胞内运输。

微管起细胞内物质运输的路轨作用，破坏微管会抑制细胞内的物质运输。

3. 形成纺锤体。

纺锤体是一种微管构成的动态结构，其作用是在分裂细胞中牵引染色体到达分裂极。

4. 植物细胞壁的形成。

植物的细胞壁分为三层，即胞间层、初生壁、次生壁。其中，初生壁中的纤维成网状，次生壁成平行脉络。其原纤维走向与植物细胞内的微管排布密切相关。

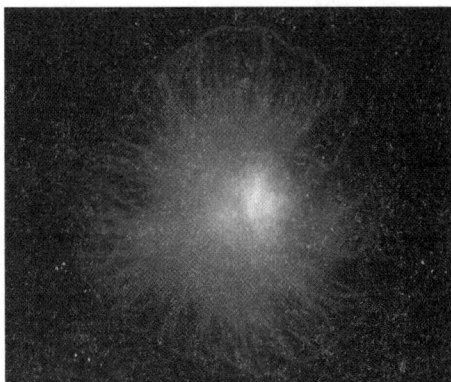

以细胞核为中心向外放射状排列的微管纤维

5. 细胞的识别。

癌细胞是引起癌症的罪魁祸首。癌细胞内部的微管组织系统受癌基因的不正常表达而发生巨大变化，其功能和作用也与癌变之前有较大差异。于是，在医学上可以根据微管系统的功能和形态来判断病人是否患有癌症。

细胞分裂时内部活动的中心车间

前面我们是从双层膜细胞器讲到单层膜的细胞器，现在牛牛将带领着大伙去认识没有膜的细胞器。我们就先认

识和细胞分裂有关系的细胞器——中心体。

中心体是细胞中一种重要的无膜结构的细胞器，存在于动物及低等植物细胞中。它是细胞分裂时内部活动的中心。动物细胞和低等植物细胞中都有中心体。它总是位于细胞核附近的细胞质中，接近于细胞的中心，因此叫中心体。在电子显微镜下可以看到，每个中心体含有两个中心粒，这两个中心粒相互垂直排列。

中心体一般位于细胞核旁，高尔基区中央。在细胞分裂前，中心体完成自身复制成两个，然后分别向细胞两极移动；到中期时，两个中心体分别移到细胞两极；到细胞分裂后期、末期，随细胞的分裂分配到两个子细胞中。而且，绝大多数动物细胞的中心是细胞核区，而中心体只是位于细胞核一侧的高尔基区的中央。

因此，以"位于……接近于细胞的中心"而命名"中心体"不尽科学，只能说："中心体通常位于细胞核一侧的细胞质中"。

中心体为半保留复制。在每个细胞周期中，中心体复制一次。在有丝分裂末期，每个子代细胞继承一个中心体，而在下次有丝分裂开始之前，它又包含有

两个相互垂直的中心粒

2个中心体。在分裂间期，中心体精确的复制周期为有丝分裂做前期准备，这一过程被称之为中心体复制。在高等动物细胞中，中心体复制由4个阶段组成：（1）中心粒分裂；（2）中心粒复制；（3）中心体分裂；（4）子代中心体分离。

中心体的作用是辅助完成细胞的有丝分裂：动物细胞有丝分裂前期时靠近核膜有两个中心体。每个中心体由一对中心粒围绕它们的亮域，称为中心质或中心球所组成。由中心体放射出

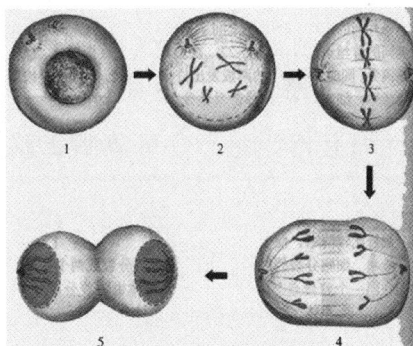

进行细胞分裂时期的中心体形态图

星体丝，即放射状微管。带有星体丝的两个中心体逐渐分开，移向相对的两极。这种分开过程推测是由于两个中心体之间的星体丝微管相互作用，更快地增长，结果把两个中心体（两对中心粒）推向两极，而于核膜破裂后终于形成两极之间的纺锤体。低等植物细胞和动物细胞一样都有中心体。

蛋白质合成的车间

核糖体也是生物体内一种无膜的细胞器，核糖体是细胞内一种核糖核蛋白颗粒，主要由RNA称蛋白质构成，核糖体RNA称为rRNA，蛋白质称为r蛋白，蛋白质含量约占

40%，RNA约占60%，r蛋白分子主要分布在核糖体的表面，而rRNA则位于内部，二者靠非共价键结合在一起。其唯一功能是按照mRNA的指令将氨基酸合成蛋白质多肽链，所以核糖体是细胞内蛋白质合成的分子机器。

小知识链接

MRNA即信使RNA，是携带从DNA编码链得到的遗传信息，在核糖体上翻译产生多肽的RNA。

电镜下，是无包膜的电子致密颗粒，略呈圆形或椭圆形，平均直径在150～250埃。核糖体由大、小两个亚单位组成。大亚基略呈梨形，中心有一条中央管。电镜下，核糖体常成群呈丛状或螺旋状存在，与mRNA结合，构成多聚核糖体。附着于内质网上的称附着核糖体，主要合成输送到细胞外的分泌性蛋白、膜嵌入糖蛋白、可溶性驻留蛋白和溶酶体蛋白等。散在于胞质中的称游离核糖体，主要合成组成细胞本身所需的结构性蛋白质。

小知识链接

亚基是蛋白质的最小共价单位。由一条多肽链或以共价键连接在一起的几条多肽链组成。

糖核体的两个大小不同的亚基，在不进行蛋白质合成时，它们是分开的，游离存在于细胞质中。只是在进行蛋白质合成时才结合在一起。

了解了核糖体的结构和组成，接下来我们一起去认识它的功能有哪些？

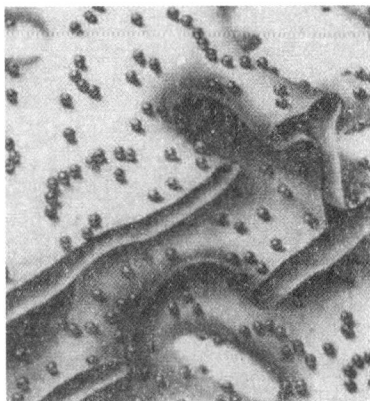

内质网上的核糖体

核糖体的功能主要和蛋白质的合成有关系，即它的功能是合成蛋白质，合成的蛋白质分为两种：外输性蛋白和内源性蛋白。

1.外输性蛋白：主要在附着核糖体上合成，分泌到细胞外发挥作用，如抗体蛋白、蛋白类激素、酶原、唾液等，也能合成部分自身结构蛋白，如膜嵌入蛋白、溶酶体蛋白。

2.内源性蛋白：又称结构蛋白，是指用于细胞本身或组成自身结构的蛋白质，主要是在游离核糖体上合成，如红细胞中的血红蛋白、肌细胞中的肌纤维蛋白。

蛋白质生物合成是一个复杂而重要的生命活动，它在细胞中有粗细的结构基础，进行得十分迅速有效，是依靠分子水平上的严密组织和准确控制进行的。蛋白质生物合成过程可分成下面两个阶段：

1.氨基酸的激活和转运。

在细胞质中进行，氨基酸本身不认识密码，自己也不

会到核糖体上，须靠tRNA（转运RNA，负责蛋白质的转运）。

氨基酸+tRNA──→氨基酰tRNA复合物

每一种氨基酸均有专一的氨基酰-tRNA合成酶催化，此酶首先激活氨基酸，使它与特定的tRNA结合，形成氨基酰tRNA复合物。所以，此酶是高度专一的，能识别并反应对应的氨基酸与其tRNA，tRNA能将相应的氨基酸转运到核糖体上合成肽链。

2. 在多聚核糖体上的mRNA分子上形成多肽链。

氨基酸在核糖体上的聚合作用，是合成的主要内容，可分为三个步骤：

（1）多肽链的起始。（2）多肽链的延长。（3）多肽链的终止与释放。

在一个核糖体上氨基酸聚合成肽链，每一个核糖体一秒钟可翻译40个密码子形成39个氨基酸肽键，其合成肽链效率极高。可见，核糖体是肽链的装配机。

合成的若是结构蛋白，则这些多肽便经过某些修饰、剪接后形成四级结构，投入使用，若是输出蛋白呢？

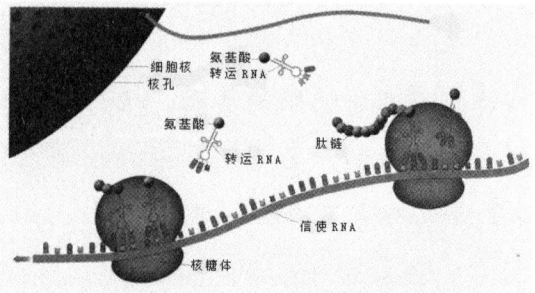

核糖体正在合成肽链

我们知道分泌蛋白质是先存在于内质网腔中，后经高尔基体排出，胞吐外排。

信号学说

"信号学说"是用来解释细胞内的蛋白质如何各得其所、各就各位的。其基本内容是：各种蛋白质在细胞中的最终定位由多肽链本身所具有的特定氨基酸序列决定。这些特殊的氨基酸序列起着一种信号向导的作用，因此被称为信号序列。如果顺序发生改变，所合成的信号肽不能被受体识别，核糖体就结合不到膜上。

小知识链接

三位科学家因核糖体研究获诺贝尔化学奖

2009年10月7日，瑞典皇家科学院在斯德哥尔摩宣布，英国剑桥大学科学家文卡特拉曼·拉马克里希南、美国科学家托马斯·施泰茨和以色列科学家阿达·约纳特因"对核糖体结构和功能的研究"而共同获得2009年诺贝尔化学奖。

诺贝尔奖评委会介绍，三位科学家都采用了X射线蛋白质晶体学的技术，标识出了构成核糖体的成千上万个原子。这些科学家们不仅让我们知晓了核糖体的"外貌"，而且在原子层面上揭示了核糖体功能的机理。"认识核糖体内在工作的机理，对于科学理解生命非常重要。这些知识可以立刻应用于实际。"

新华网北京10月7日电（记者潘治）生命体就像一个极其复杂而又精密的仪器，不同"零件"在不同岗位上各司其职，有条不紊。而这一切，就要归功于仿佛扮演着生命化学工厂中工程师角色的"核糖体"：它翻译出DNA所携带的密码，进而产生不同的蛋白质，分别控制人体内不同的化学过程。

基于核糖体研究的有关成果，可以很容易理解，如果细菌的核糖体功能得到抑制，那么细菌就无法存活。在医学上，人们正是利用抗生素来抑制细菌的核糖体从而治疗疾病的。评委会说，三位科学家构筑了三维模型来显示不同的抗生素是如何抑制核糖体功能的，"这些模型已被用于研发新的抗生素，直接帮助减轻人类的病痛，拯救生命"。

"工厂"的核心

"厂长办公室"

因为中学课本普遍认为，细胞核不是细胞器（大学课本认为是，这里以中学课本为依据），那么什么是细胞核呢？细胞核有什么结构和功能呢？就让牛牛在这里给大伙解释吧。

我们都知道人体的控制中心是大脑，没有大脑，我们人就不会运动、进食。细胞是最小的生命层次，它能完整

地体现生命，它的控制中心是什么？是的，细胞的控制中心就是细胞核。

是不是所有的细胞都有细胞核呢？答案：不是。原核细胞中没有真正的细胞核（称为拟核）；有的真核细胞中也没有细胞核，如哺乳动物的成熟红细胞，高等植物成熟的筛管细胞等极少数的细胞。

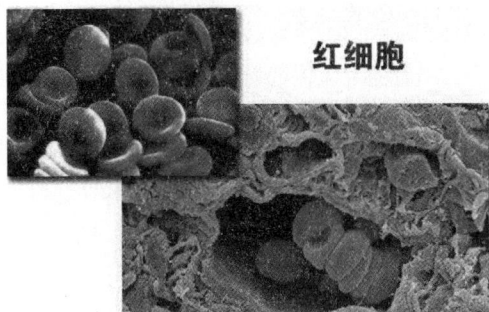

红细胞

没细胞核和细胞器的红细胞

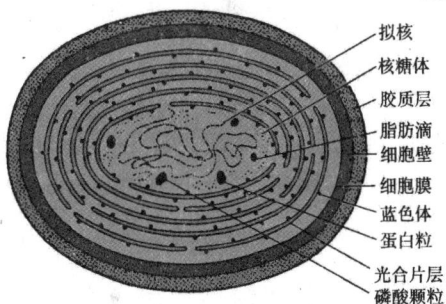

拟核
核糖体
胶质层
脂肪滴
细胞壁
细胞膜
蓝白体
蛋白粒
光合片层
磷酸颗粒

原核细胞拟核

细胞核的形态是球形或者卵形，大小一般7微米左右，数目一般一个。大多数生物体细胞中都是一个，有的没有，如哺乳动物成熟的红细胞、被子植物筛管细胞；有的多个，如植物个体发育过程中的多数胚乳核、草履虫等原生动物；人的骨骼肌细胞中的细胞核可达数百个。

细胞核的组成主要包括核被膜、核基质、染色质和核仁四部分。如图所示。

我们来了解下细胞核的这四种结构。

1. 核被膜。

核被膜使细胞核成为细胞中一个相对独立的体系，使

核内形成一相对稳定的环境。同时，核被膜又是选择性渗透膜，起着控制核和细胞质之间的物质交换作用。

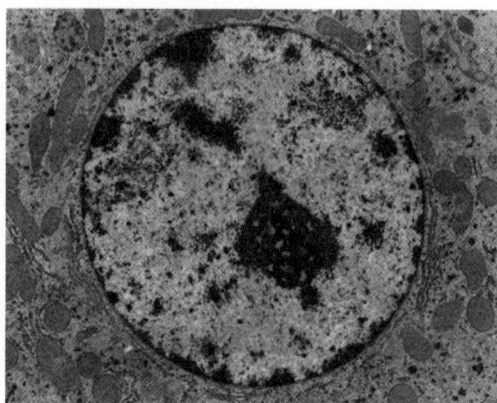

核被膜包裹在核表面，由基本平行的内层膜、外层膜

电镜显示下的细胞核

构成。两层膜的间隙宽10～15nm，称为核周隙，也称核周腔。核被膜上有核孔穿通，占膜面积的8%以上。外核膜表面有核糖体附着，并与粗面内质网相续；核周隙亦与内质网腔相通，因此，核被膜也参与蛋白质合成。内核膜也参与蛋白质合成。内核膜的核质面有厚20～80nm的核纤层，是一层由细丝交织形成的致密网状结构，成分为中间纤维蛋白，称为核纤层蛋白。核纤层与细胞质骨架、核骨架连成一个整体，一般认为核纤层为核被膜和染色质提供了结构支架。核纤层不仅对核膜有支持、稳定作用，也是染色质纤维细端的附着部位。

核孔是直径50～80nm的圆形孔。内、外核膜在孔缘相连续，孔内有环与中心颗粒组成核孔复合体。核孔所在处无核纤层。一般认为，水离子和核苷等小分子物质可直接通透核被膜；而RNA与蛋白质等大分子则经核孔出入核，但其出入方式尚不明了。显然，核功能活跃的细胞核孔数量多。成熟的精子几乎无核孔，而卵母细胞的核孔极其丰富，成为研究该结构的主要材料。

2. 染色质。

是遗传物质DNA和组蛋白在细胞间期的形态表现。在染色的切片上，染色质有的部分着色浅淡，称为常染色质，是核中进行RNA转录的部位；有的部分呈强嗜碱性，称为异染色质，是功能静止的部分。故根据核的染色状态可推测其功能活跃程度。电镜下，染色质由颗粒与细丝组成，在常染色质部分呈稀疏，在异染色质则极为浓密。现已证明，染色质的基本结构为串珠状的染色质丝。染色质的结构单体为核小体，直径约10nm，相邻以1.5~2.5nm的细丝相连。

小知识链接

染色体和染色质有什么区别？染色质和染色体在化学成分上并没有什么不同，而只是分别处于不同功能阶段的不同构型。

3. 核仁。

是形成核糖体前身的部位。大多数细胞可具有1~4个核仁。在合成蛋白旺盛的细胞，核仁多而大。光镜下，核仁呈圆形，并因含大量rRNA而显强嗜碱性。电镜下，核仁

由细丝成分、颗粒成分与核仁相随染色质三部分构成。

核仁经常出现在间期细胞核中，它是匀质的球体，其形状、大小、数目依生物种类、细胞形成和生理状态而异。核仁的主要功能是进行核糖体RNA的合成。

4.核基质。

是核中除染色质与核仁以外的成分，包括核液与核骨架两部分。核液含水、离子等无机成分；核骨架是由多种蛋白质形成的三维纤维网架，并与核被膜、核纤层相连，对核的结构具有支持作用，它的生化构成与其他可能的作用尚在研究中。

又到了牛牛带领大伙了解细胞核功能的时间了，那么细胞核有什么功能呢？从其结构，我们可以得出细胞核的

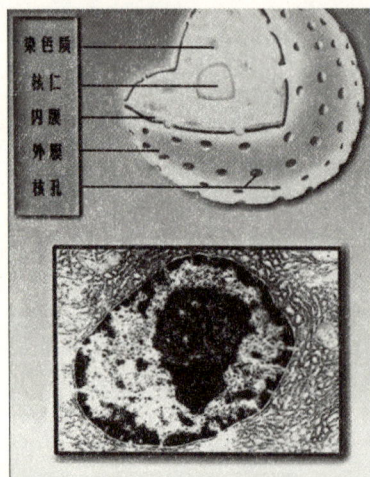

细胞核结构示意图

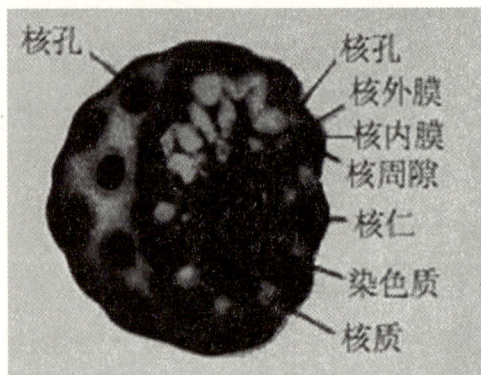

细胞核结构示意图

功能：控制细胞的遗传，生长和发育。德国藻类学家哈姆林的伞藻嫁接试验验证了细胞核是遗传物质携带者。

细胞核是细胞的控制中心，在细胞的代谢、生长、分化中起着重要作用，是遗传物质的主要存在部位。一般说真核细胞失去细胞核后，很快就会死亡，但红细胞失去核后还能生活120天；植物筛管细胞，失去核后，能活好几年。

1. 遗传物质储存和复制的场所。从细胞核的结构可以看出，细胞核中最重要的结构是染色质，染色质的组成成分是蛋白质分子和DNA分子，而DNA分子又是主要遗传物质。当遗传物质向后代传递时，必须在核中进行复制。所以，细胞核是遗传物储存和复制的场所。

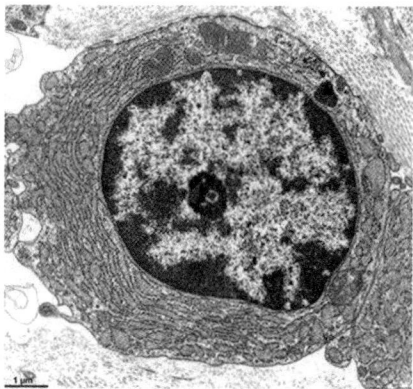
细胞核

2. 细胞遗传性和细胞代谢活动的控制中心。遗传物质能经复制后传给子代，同时遗传物质还必须将其控制的生物性状特征表现出来，这些遗传物质绝大部分都存在于细胞核中。所以，细胞核又是细胞遗传性和细胞代谢活动的控制中心。例如，英国的克隆绵羊"多莉"就是将一只母羊卵细胞的细胞核除去，然后，在这个去核的卵细胞中，移植进另一个母羊乳腺细胞的细胞核，最后由这个卵细胞发育而成的。"多莉"的遗传性状与提供细胞核的母羊一

样。这一实例充分说明了细胞核在控制细胞的遗传性和细胞代谢活动方面的重要作用。

因此，对细胞核功能较为全面的阐述应该是：细胞核是遗传信息库，是细胞代谢和遗传的控制中心。

小知识链接

细胞核作用的发现

1837年10月，施莱登把自己的实验结果和想法告诉了柏林大学解剖生理学家施旺，并特别指出细胞核在植物细胞发生中所起的重要作用。施旺立刻回想起自己曾在脊索细胞中看见过的同样"器官"，并意识到如果能够成功地证明脊索细胞中的细胞核起着在植物细胞发生中所起的相同作用，那么，这个发现将是极其有意义的。

施旺从植物细胞与动物细胞结构上的相似性出发，在细胞水平上完成了二者的统一工作。1839年他发表了《关于动植物结构和生长相似性的显微研究》一文。全文内容有三部分：第一部分描述了他以动物为对象的研究情况和结论；第二部分提出了证据，把自己的实验结果与施莱登的

多莉的诞生

研究结果作对比，表明动物和植物的基本结构单位都是细胞；第三部分总结了全部研究结果，提出了细胞学说，详细阐明了细胞的理论。施旺把施莱登证实了的植物的基本结构是细胞的观点推广到了动物界，并指出动植物发育的共同普遍规律。这在生物学史上具有划时代的意义。施旺指出："细胞是有机体，整个动物和植物体乃是细胞的集合体。它们依照一定的规律排列在动植物体内。"

第四章 形形色色的"工厂"

在牛牛的带领下，同学们走进细胞内的"车间"进行了仔细的参观，同学们是不是感觉到细胞虽然很小但却有很强大的功能！了解了细胞内的"车间"结构，那么现在牛牛将会继续带领大家进入种类繁多、浩如烟海的细胞世界，去领略细胞世界的别样风光！

牛牛大讲堂

细胞的两支主力军——原核细胞和真核细胞

同学们都知道在这个世界上的人，除了男人就是女人；同样，在细胞的世界里除了原核细胞就是真核细胞。当然，划分人的种类为男人和女

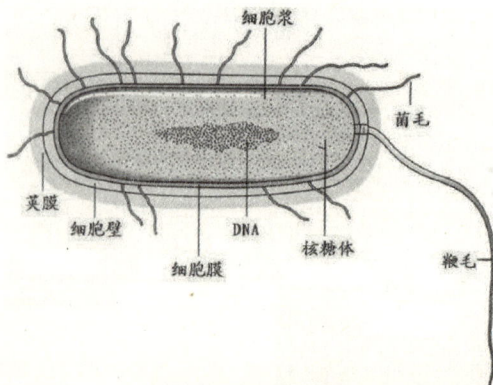

原核细胞一般结构图

人是从性别的角度出发的，而划分细胞的种类是以细胞的不同结构为依据。

　　原核细胞之所以叫原核细胞是因为细胞内没有真正的细胞核或没有定形的核，而真核细胞顾名思义就是含有真正的细胞核。原核细胞虽说没有真正的细胞核，但是细胞中还是含有生命的遗传物质即DNA，只是原核细胞中的遗传物质没有穿上一层衣服——核膜，是裸露在细胞中的。而真核细胞中的遗传物质即DNA被裹上了一层"嫁衣"——核膜，从而使真核细胞中比原核细胞多了一个球体状的结构——细胞核。

　　原核细胞除了没有细胞核结构之外，而且还没有我们之前介绍的细胞工厂中的各种零部件——细胞器。比如叶绿体、线粒体、内质网、高尔基体、溶酶体，这些零部件原核细胞中都没有，它只留下了一个非常简单的细胞器——核糖体。总体来讲，原核细胞内的结构是只有核糖体、裸露的DNA以及除此之外的液体物质即细胞质基质，并由细胞膜将原核细胞内的物质包裹起来，而且原核细胞外部通常还有一层非常坚固的壁垒——细胞壁，该细胞壁可以起保护细胞的作用，免受外界恶劣环境的影响。由原核构成的生物，称为原核生物，它包括细菌、蓝藻、支原体、衣原体、放线菌等等。

　　真核细胞指含有真正细胞核的细胞，除了原核细胞以外，所有的动物细胞以及植物细胞都属于真核细胞。由真

核细胞构成的生物称为真核生物。真核细胞除了还有细胞核之外，细胞内还含有内质网、高尔基体、线粒体、核糖体和溶酶体等细胞器，这些细胞器分别行使特异的功能。而原核细胞中没有分化的细胞器，那么这些细胞器的功能都是由原核细胞的细胞膜代替完成。原核细胞的细胞膜就像是一个功能强大的"变形金刚"。

由于真核细胞内部结构和功能的复杂化，真核细胞的体积就必然增大。总体来说，真核细胞的体积比起原核细胞要大得多。此外，真核细胞内有一个比较复杂的骨架系统，对维持细胞的形态结构，对细胞内的一系列功能起着十分重要的作用，而在原核细胞内至今没有发现明显的骨架系统。如果把细胞比喻成一个小房子的话，那么骨架系统就像这个房子的房梁柱子，起支撑这个房子的功能。

假如我们把真核细胞比作一个结构复杂、职能专一与"自动化"较高的"工厂"，那么原核细胞就像结构简单，但职能上却是"多面手"的"作坊"。前者比起后者固然有结构与功能专一的特点，但在特定情况下它的适应能力却并不比后者有特殊的优越性。

根据生物在地球表面的分布情况分析，可以看出原核生物比真核生物更能适应不利环境，几乎在地球的各个角落都有原核生物的存在，原核生物的个体数量也远比真核生物多。从细胞起源与进化的观点分析，原核细胞比真核细胞更为原始。早在30多亿年前，地球上就出现了原核细胞，而真核细胞仅在12亿至16亿年前（或稍早）才在地球上出现。近年剑桥大学的古微生物学家认为，原始的原核细胞起源可能在38亿年以前。现存的资料可以证明，真核细胞是由原核细胞进化而来的，而且由于原核细胞的繁衍，在地球的表面积累了大量的氧气，为真核细胞的起源与生存准备了生存条件。

最小最简单的细胞——支原体

支原体（又称霉形体）是在1898年发现的，为目前发现的最小最简单的细胞，虽然它们是极为简单的生命体，却已经具备了细胞的基本形态结构，并具有作为生

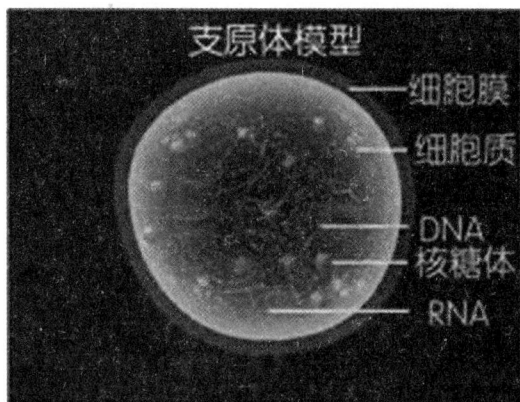

支原体结构图

命活动基本单位存在的主要特征。

支原体细胞是原核生物，细胞内唯一可见的细胞器是核糖体，因此结构也比较简单。多数成球形，只有细胞膜，没有细胞壁，故不能维持固定的形态而呈现多形性。支原体的体积很小，直径一般是0.1~0.3微米，仅为细菌大小的十分之一，因太小可以通过细菌过滤器。

细菌过滤器是一种除去细菌的装置，细菌都有一定的大小，如果过滤器的滤膜，孔径小于细菌的直径，那么当液体或者气体通过的时候，细菌就被挡住，过不去，那么过去的液体或者气体，就是无菌的。一般小于0.22微米的孔，应该就可以滤菌了。然而支原体因为其结构微小，所以可以通过细菌过滤器。这样通常使滤菌不彻底，常导致支原体污染。

最早发现的支原体为拟胸膜肺炎病原体——PPLO，然后又从动物、人体、污染的环境中分离出多种支原体，发现它们中不少是致病的病原体。尤其是一些慢性病（呼吸道病、胸膜肺炎、关节炎等）的病原体可能是支原体，后来又发现多种植物支原体。

目前还没有发现比支原体更小更简单的细胞。支原体除了具有作为细胞必须的结构外，几乎没有什么称得上结构复杂的装置了，当然它也有自己的特点：支原体具有多形态性，因为它没有细胞壁，形态可以随意变化。支原体的遗传物质DNA比较均匀地散布在细胞内，含有的基因组是迄今为止发现的能独立生活的生物中最小的，由482个基因组成，其中必须的基因是256个。在支原体细胞内已经发现的酶有40多种。

综上所述，支原体的基本结构与机能已简单到极限，以致人们不禁要问，这样微小与简单的细胞是否具有完善的分子装置，是否能像其他细胞一样进行全部必要的生命化学过程？作为细胞独立生存所需要的空间（细胞体积）的最小极限应是多大？为什么说支原体是最小最简单的细胞？

一个细胞要生存下去必须具备的结构装置与机能是：细胞膜、遗传信息载体DNA与RNA、进行蛋白质合成的一定数量的核糖体以及催化生物反应所需要的酶，这些在支原体细胞内已经基本具备。从保证一个细胞生命活动运转所必须的条件看，有人估计完成细胞功能至少需要100多种酶，这些分子进行酶催化反应必须占有的空间直径为50纳米，加上核糖体（每个核糖体的直径为10~20纳米）、细胞质膜与核酸（包括DNA和RNA）等，我们推算出来，一个细胞体积的最小极限直径不可能小于100纳米，而现在发现的最小支原体细胞直径已经接近这个极限。因此，比支原体更小更简单的细胞，似乎不可能满足生命活动的基本要求，所以说支原体是最小最简单的细胞。

无处不在的细菌

细菌这个名词最初由德国科学家埃伦伯格(1795-1876)在1828年提出，用来指代某种细菌。这个词来源于希腊语 βακτηριον，意为"小棍子"。细菌是自然界分布最广、个体数量最多、与人类关系极为密切的生命体。据估计，生物界细菌总数约有 5×10^{30} 个，数量非常庞大。然而，细菌的种类是如此之多，科学家研究过并命名的种类只占其中的小

部分。人体身上也带有相当多的细菌。据估计，人体内及表皮上的细菌细胞总数约是人体细胞总数的十倍。据说人感冒时，一个喷嚏可以从体内排出30万个细菌。

细菌的个体非常小，绝大多数细菌的直径大小在0.5至5.0微米之间，用肉眼无法看见，因此大多只能在显微镜下看到它们。当它处于有利环境中时，细菌可以形成肉眼可见的集合体即菌落。

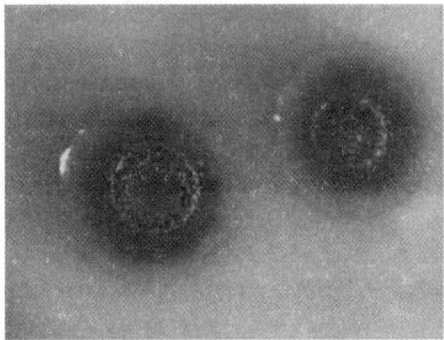

细菌集合体即菌落

细菌一般是单细胞，细胞结构简单，缺乏细胞核、细胞骨架以及除了核糖体外没有任何细胞器，是原核细胞，属于原核生物。细菌广泛分布于土壤和水中，或者与其他生物共同生存。此外，也有部分种类分布在极端的环境中，例如温泉，甚至是放射性废弃物中，它们被归类为嗜极生物。其中最著名的种类之一是海栖热袍菌，科学家是在意大利的一座海底火山中发现这种细菌的。

根据它们对氧气的反应，大部分细菌可以被分为以下三类：一些只能在氧气存在的情况下生长，称为需氧菌；另一些只能在没有氧气存在的情况下生长，称为厌氧菌；还有一些无论有氧无氧都能生长，称为兼性厌氧菌。细菌也能在人类认为是极端的环境中旺盛地生长，这类生物被称为极端微生物。一些细菌存在于温泉中，被称为嗜热细菌；另一些居住在高盐湖中，称为喜盐微生物；还有一些存在于酸性或碱性环境中，被称为嗜酸细菌或嗜碱细菌；另有一些存在于阿尔卑斯山冰川中，被称为嗜冷细菌。

细菌也可以按照不同的形状分类。大部分细菌具有三种形态：球状或椭球状的称为球菌，比如肺炎双球菌和金黄色葡萄球菌等；杆状或圆柱形的称为杆菌，比如大肠杆菌和双歧杆菌等；螺旋形或弧形的称为螺旋菌，比如紫硫螺旋菌和绿螺菌等。

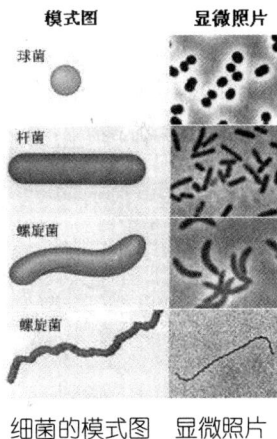

细菌的模式图　显微照片

细菌对环境、人类和动物既有用处又有危害。一些细菌成为病原体，导致了破伤风、伤寒、肺炎、梅毒、霍乱和肺结核。在植物中，细菌导致叶斑病、火疫病和萎蔫。感染方式包括接触、空气传播、食物、水和带菌微生物。

然而，人类也时常利用细菌，比如某些细菌通常与酵母菌及其他种类的真菌一起用于发酵食物，例如，在醋的传统制造过程中，就是利用空气中的醋酸菌使酒转变成醋。其他利用细菌制造的食品还有乳酪、泡菜、酱油、酒、酸奶等。

细菌还可以作为"环境清洁工"。比如秋天的落叶、

许多动植物的尸体都可以被细菌降解，假如没有细菌的降解，那么如今的地球将是横尸遍野了。细菌能降解多种有机化合物的能力也常被用来清除污染，称作生物复育。举例来说，科学家利用嗜甲烷菌来分解美国佐治亚州的三氯乙烯和四氯乙烯污染，三氯乙烯和四氯乙烯常用来制作塑料制品，是很难降解的，但是细菌却帮了人类的大忙。

总之，我们生活的世界到处都存在细菌，虽然细菌有时对人类的生活带来危害，但同时我们人类的生活也离不开细菌。

非细胞的生命体——病毒

对于同学们来讲病毒并不陌生，我们对病毒的认识似乎都是负面信息。同学们都会认为病毒会导致人们生病，比如经常会使人感冒的感冒病毒，还有2003年非典爆发的祸首SARS病毒等等，不胜枚举！的确，人类和动物的许多疾病都是病毒引起的，因此我们必须对病毒有一个清楚的认识，才能战胜病毒！那么，病毒到底是个什么神秘生物呢？

病毒是一种很特殊的生命体，它不具有细胞结构，只是由一团有机物构成，是迄今发现的最小、最简单的有机体。绝大多数病毒必须在电子显微镜下才可以看到。病毒因为没有细胞结构，所以它必须在活细胞内才能表现出它们的基本活动，是典型的彻底的寄生物。

病毒主要是由核酸分子（DNA或RNA）与蛋白质构成的核酸–蛋白质复合体。简单来讲，蛋白质就是病毒穿在外面的一件大衣，而它的遗传物质就是蛋白质大衣包裹着。因此，病毒的结构非常简单，没有任何的细胞结构。病毒虽说没有细胞结构，可是它可以寄生在

谈"毒"色变

活细胞中，并且在活细胞中复制克隆出自己，因此病毒是生命体，但是是"不完全"的生命体。

根据病毒寄生的生物体不同，可以分为动物病毒、植物病毒与细菌病毒。人类和动物的许多疾病都是由动物病毒引起的，比如2009年流行的H1N1病毒（俗称猪流感病毒），以及最近几年流行的H5N1禽流感病毒。特别是天花病毒曾经给人类带来了巨大的灾难，使无数的人因感染天花病毒而死亡，直到人类发明了天花病毒的疫苗，才阻止了这个

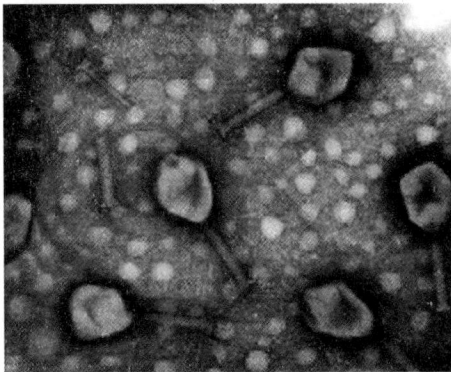

天花病毒

病毒继续为祸人间。植物病毒的种类也很多，比如，可以导致烟草植物叶黄枯死的烟草花叶病毒，感染车前草植物叶片使之不能光合作用的车前草病毒等等。细菌病毒顾名思义就是寄生在细菌体内的病毒，这类病毒可以导致细菌的死亡。

了解完病毒的危害后，我们接下来了解病毒是如何繁衍的。

同学们已经了解病毒是没有细胞的结构，是个彻底的寄生物。故在体外的病毒是没有任何生理活性，当然也不能进行繁殖。病毒必须寄生到了活细胞体内才能有活性，才能繁殖。我们知道病毒的结构是一层蛋白质外皮包裹一团遗传物质核酸，那么在病毒找到了宿主活细胞后，它会脱下蛋白质外衣，以便于它侵入到活细胞中。当病毒成功侵入到活细胞后，它就在活细胞内"反客为主"，动用活细胞内的细胞器、"原料"、能量与酶系统进行繁殖。病毒会用尽活细胞内的营养物质，克隆出数量巨多的"自己"。活细胞也因为能量被病毒用完而死亡，死亡之后病毒被大量的释放出来，这些大量的病毒又会去重新感染其他的活细胞，如此循环。病毒的致病机理就是会导致活细胞的死亡！

了解完病毒的生命历程，是不是觉得病毒是个非常可怕的生命体，它生存的目的就是侵染活细胞来复制更多的自己，而不管其寄生细胞的死活。

　　虽然病毒常常令人谈"毒"色变，但是人类在与有害病毒的斗争中，也取得了可喜的成果。人们一方面设法治疗和预防病毒性疾病，一方面利用病毒为人类造福。人们利用接种牛痘疫苗的办法预防由天花病毒引起的天花，已经使这种病在世界范围内得到控制甚至消失。脊髓灰质炎（又叫小儿麻痹症）在我国由于口服疫苗的普遍适用，已经得到控制。这些疫苗就是经过人工处理的减毒或无毒的病毒。科学工作者还在寻找利用某些病毒防治有害生物的方法。在基因工程中，小小的病毒还能帮上大忙。科学家能够利用让某些病毒携带动植物或微生物的某些基因进入正常细胞，来达到转基因或基因治疗的目的。

牛牛趣味集

人类的不速之客——肠道菌群

　　在人身体的体表及其与外界相通的腔道，如口腔、鼻腔系统、咽喉腔、眼结合膜、肠道及泌尿生殖道等部位都有大量的微生物的存在，其中一部分为长期寄居的微生物，在机体防御机能正常时是无

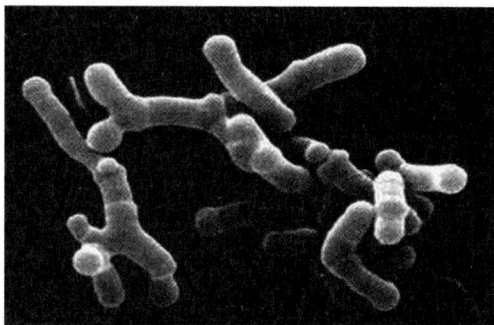

肠道主要的细菌即双歧杆菌

害的，称为正常菌群或正常微生物群。正常菌群对人体有益无害，而且是必须的。正常菌群是由种类相当固定的细菌组成，并且有规律地定居于身体一些特定部位，成为身体的一个组成部分。

正常菌群数量是巨大的，大约有十万亿个细菌，在长期的进化过程中，通过个体的适应和自然选择，正常菌群和人类形成一个互相依存、相互制约的系统，始终处于动态平衡状态中。因此，人体在正常情况下，正常菌群对人体表现不致病性。

人类的正常菌群中最著名的就是肠道菌群。健康人的胃肠道内寄居着种类繁多的微生物，这些微生物称为肠道菌群。这些肠道菌群只要集中在结肠和直肠处，主要是类杆菌、双歧杆菌、大肠埃希氏菌、乳杆菌、铜绿假单胞菌、变形杆菌、梭菌等。这些细菌在人类胃肠道内构成了一个巨大而复杂的生态系统。

人类胎儿刚出生时肠道是无菌的，一到两小时后就有细菌出现。开始时菌种和数量很少，随后逐步增多。大约1周左右，婴儿的肠道内就寄生了大部分有益的细菌。哺乳期婴儿的肠道菌群主要是双歧杆菌，占总菌数的90%左右；随着婴儿的成长，双歧杆菌下降，类杆菌、乳杆菌、梭菌等逐渐增多。

积聚在人体肠道的细菌是经历过艰难旅程后的幸存者。细菌从口腔开始经过小肠，他们受到消化酶和强酸的袭击。那些在完成旅行后而安然无恙的细菌在到达肠道时会遇到更多的障碍。要想生长，它们必须同已经住在那里的细菌争夺空间和营养。幸运的是，这些"友好的"细菌能够非常熟练地把自己粘贴到大肠壁上任何可利用的地方。其中的一些可以产生酸和被称为"细菌素"的抗菌化合物。这些细菌素可以帮助抵御那些令人讨厌的细菌的侵袭。

人类身体肠道内的细菌们靠分解人类体内不要的废弃物生活。这些东西由于人类不可消化，人体系统拒绝处理它们。而这些细菌自己装备有一系列的酶和新陈代谢的通道。这样，它们能够继续把肠道遗留的有机化合物进行分解。它们中的大多数的工作都是分解植物中的碳水化合物。大肠内部大部分的细菌是厌氧性的细菌，意思就是它们在没有氧气的状态下生活。它们不是呼出和吸入氧气，而是通过把大分子的碳水化合物分解成为小的脂肪酸分子和二氧化碳来获得能量。这些脂肪酸一部分通过大肠的肠壁被重新吸收，这会给我们提供额外的能源。剩下的脂肪酸帮助细菌迅速生长。

这些可爱的细菌们，还会合成一些B族维生素（维生素B1、B2、B6、B12）、维生素K、烟酸、泛酸等等，而且合成量比它们自身需要多得多，所以它们非常慷慨地把多余的维生素供应给它们这个群体中其他的生物，同时也提供给你——它们的宿主。尽管人类自身不能自己生产这些维

生素，但你可以依靠这些对你非常友好的细菌来源源不断供应给你。它们还能利用蛋白质残渣合成非必需氨基酸，如天冬氨酸、丙氨酸、缬氨酸和苏氨酸等，同时还能促进铁、镁、锌等矿物元素的吸收。这些营养物质对人类的健康有着重要作用，一旦缺少会引起多种疾病。

一个健康的肠道是和里面有益的肠道菌群密不可分的。在健康条件下，肠内菌群中的有益菌占优势，其代表如双歧杆菌、乳酸杆菌等。人类的正常粪便含有70~80%的水分，这些

发酵出来的酸牛奶

水分的保持就得益于肠内菌群的附着和存在。而且1克干粪含菌总数在4千亿个左右，约占粪重的40%，其中99%以上是厌氧菌。所以维持身体的健康，保持肠内有益菌占优势是十分必要的。如果在肠道中没有肠道菌群，比如吃了抗生素把肠道菌群大部分都杀死了，那粪便中也就没有了菌群和水分的完美结合，粪便会变得又干又硬，便秘就在所难免了。

如今人们由于生活节奏的加快和饮食结构的不合理，常常导致肠道菌群的失衡，从而影响人类的身体健康。这时，我们该采取哪些措施补救那些可爱的有益细菌呢？

　　我们可以直接吃那些有利于肠道菌群生长的营养物，比如双歧因子。如今很多奶制品会添加双歧因子，这样会使肠道主要的有益细菌双歧杆菌大量生长。

　　人们也可以喝那些发酵型的酸奶，酸奶是牛奶经过大量乳酸菌发酵而来。这些乳酸菌比如嗜热链球菌、保加利亚乳杆菌等，它们会让液体型的牛奶变为固态型，并且会降解牛奶的蛋白质成分以有利于人们吸收，还会使牛奶风味变得酸甜可口。在你喝下一瓶酸奶的时候，检查一下标签，看一看哪种细菌将会成为你体内的下一批客人，这就是人类的益生菌。

抗生素生产"专业户"——放线菌

　　放线菌是原核生物的一个大类群，最早分离自人感染的泪腺中。1984年，美国学者瓦克斯曼(Waksman)等人在研究土壤微生物时，首次把这些微小的丝状细菌称为"放线菌"(Actinomycetes)，并详细描述了这些微生物。放线菌种类很多，人类目前了解的达2000多种，但是只占自然界放线菌种类的1%。

　　放线菌的形态比细菌复杂些，但仍属于单细胞。在显微镜下，放

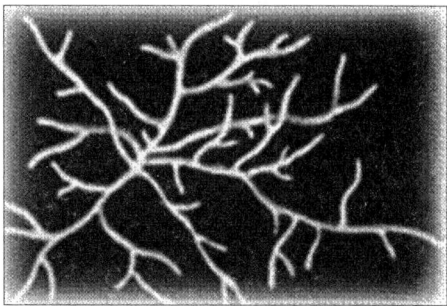

放线菌形态

线菌呈分枝丝状，我们把这些细丝一样的结构叫做菌丝，菌丝直径与细菌相似，大小约0.5～1微米。放线菌的菌丝非常发达，菌丝纤细，菌丝细胞的结构与细菌基本相同，是原核生物的一大类群。放线菌生长发育到一定阶段，会在部分菌丝上分化出可形成孢子的菌丝，叫孢子丝。放线菌由孢子丝产生的孢子进行繁殖，孢子在遇到合适的环境下就可萌发生长成放线菌。

放线菌在自然界分布广泛，主要以孢子或菌丝状态存在于土壤、空气和水中，尤其是含水量低、有机物丰富、呈中性或微碱性的土壤中数量最多。它是广泛分布于土壤中的优势微生物类群，其分枝状的菌丝体能够产生各种酶，这些酶能降解土壤中的各种不溶性有机物质，以获得放线菌所需的各种营养物质。我们经常闻到存在与土壤中的"土腥味"，就是放线菌产生的味道。

放线菌可以参与自然界物质循环，还可以用于污水处理净化环境，以及改良土壤资源等等。它还与人类的生产和生活关系极为密切，目前广泛用来治疗细菌性感染疾病的抗生素，约70%是各种放线菌所产生。一些种类的放线菌还能产生各种酶制剂、维生素和有机酸等。少数放线菌也会对人类构成危害，引起人和动植物病害。因此，放线菌与人类关系密切，在医药工业上有重要意义。

研究表明，抗生素主要由放线菌产生，而其中90%又由链霉菌产生。链霉菌是放线菌种类的一种类群。著名的、

常用的抗生素如链霉素、土霉素，抗肿瘤的博莱霉素、丝裂霉素，抗真菌的制霉菌素，抗结核的卡那霉素，能有效防治水稻纹枯的井冈霉素等，都是链霉菌的产物。虽然一些链霉菌可见于淡水和海洋，但它主要生长在含水量较低、通气较

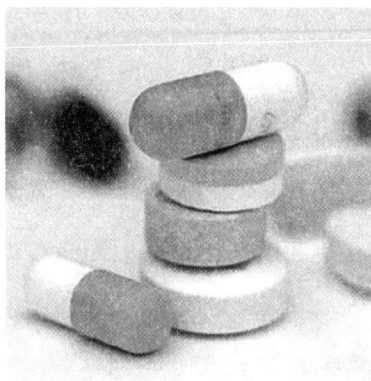

各种抗生素药品

好的土壤中。由于许多链霉菌产生抗生素的巨大经济价值和医学意义，对这类放线菌已做了大量研究工作。

一个幽灵正在世界徘徊——超级细菌

小知识链接

抗生素是一类化学分子类药物，它可以杀死或抑制细菌类微生物的生长，从而达到治疗细菌感染性的疾病。

近几年来，新闻界和医学界不断地报道关于超级细菌的发现，以及超级细菌在部分区域内小规模的爆发。那么，什么是超级细菌呢？超级细菌为何会引起人类的恐

慌？超级细菌有何能力可以配上"超级"二字？

我们人类的许多疾病的发生几乎都是细菌性的感染，比如皮肤外伤感染、急性肺炎等等。而医生在治疗这些疾病时几乎只有一个对策，那就是适应抗生素将这些感染性的细菌杀死！而近几年发现的超级细菌，却对人类的大部分抗生素"无动于衷"，产生了耐药性（即这些抗生素不能将超级细菌杀死）！

超级细菌其实并不是一个细菌的名称，而是一类细菌的名称，这一类细菌的共性是对几乎所有的抗生素都有强劲的耐药性。随着时间的推移，超级细菌的名单越来越长，包括大肠杆菌、多

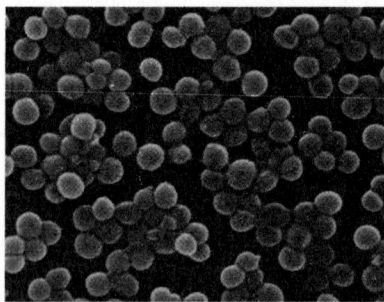

金黄色普通球菌

重耐药铜绿假单细胞菌、多重耐药结核杆菌、泛耐药肺炎杆菌、泛耐药绿脓杆菌等等。

超级细菌中最著名的是一种对甲氯西林产生抗药性的金黄色葡萄球菌（简称MRSA）。金黄色葡萄球菌现在极其常见，它可以引起皮肤、肺部、血液和骨关节的感染即炎症。当年苏格兰的科学家亚历山大·弗莱明偶然发现的青霉素，就是用

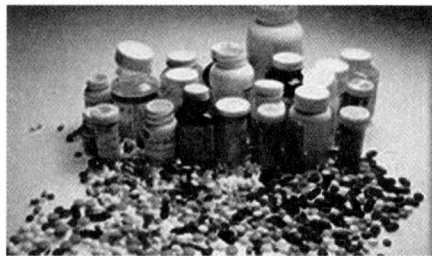

各种抗生素药品

来对付这种细菌的。但随着抗生素的普及，某些金黄色葡萄球菌开始出现抵抗力，它可以产生青霉素酶破坏青霉素的药力。MRSA的耐药性发展非常迅速，在1959年西方科学家用一种半合成青霉素（即甲氯西林）杀死耐药的金黄色葡萄球菌之后，仅隔两年在英国就出现了对甲氯西林产生耐药性的金黄色葡萄球菌。而到了上世纪80年代后期，MRSA已经成为全球发生率最高的医院内感染病原菌之一（也被列为世界三大最难解决的感染性疾病首位），在全球范围内目前被证实对MRSA还有效的只有万古霉素了。

青霉素的发现和提纯是人类历史上最伟大的发现之一。自1941年青霉素应用于临床后，人们相继发现了上万种抗生素，有200余种抗生素应用于临床。抗生素的广泛应用已挽救了无数生命，时至今日抗生素仍然是医生治疗感染过程中不可缺少的药品。然而随着抗生素的使用，引起人类疾病的许多细菌已经对它的对手产生了耐药性。抗生素使用较为集中的医院是培养超级细菌MRSA的温床。细菌无声地在患者、医护人员、患者间播散，并可存在于人体达数月之久。美国联邦疾病控制与预防中心曾报道，1975年182所医院MRSA占金黄色葡萄球菌感染总数的2.4%，1991年上升至24.8%，其中尤以拥有500张床以上的教学医院和中心医院为多，因为这些医院里MRSA感染的机会较多，耐药性的金黄色葡萄球菌既可由感染病人带入医院，也可因滥用抗生素在医院内产生。

目前，人类又发现了一类"臭名昭著"的超级细菌NDM-1，它就是从印度的整形和外科医院患者中传播开来的，对绝大多数抗生素药物产生耐药性。超级细菌NDM-1的复

漫画：超级细菌

制能力很强，传播速度快且容易出现基因突变，人被感染后很难治愈甚至死亡，是非常危险的一种超级细菌。研究人员正在确定这些患者感染的NDM-1病菌的普遍性。研究者发现，2009年英国就已经出现了超级细菌NDM-1感染病例的增加，其中包括一些致死病例。参与这项研究的英国健康保护署专家大卫·利弗莫尔表示，大部分的NDM-1感染都与曾前往印度等南亚国家旅行或接受当地治疗的人有关。在英国研究的37个感染NDM-1病人中，至少有17人曾在过去1年中前往过印度或巴基斯坦，他们中至少有14人曾在这两个国家接受过治疗，包括肾脏移植手术、骨髓移植手术、透析、生产、烧伤治疗或整容手术等。不过，英国也有10例感染出现在完全没有接受过任何海外治疗的病人身上。

我们知道人类发现和生产抗生素是为了治疗细菌性疾病，可是近几年超级细菌的爆发却让抗生素对此"束手无策"。那么，是什么原因导致了超级细菌的爆发？医院滥用抗生素是超级细菌产生的直接原因。细菌的繁殖速度很快，而且极易产生变异。在自然条件下，细菌的变异大部分是没有抗药性的，只有少部分产生了抗药性。而人类在使用抗生素治疗疾病时，只是杀死了大部分没有耐药性的细菌，只留下了有耐药性的少数细菌。当这些产生耐药性的细菌继续繁殖时，人类的抗生素就不起作用了！因此，人类必须不断地发现和生产新的抗生素，来对抗细菌疾病。而新的抗生素使用又会使细菌产生新的耐药性，如此恶性循环下去。在这场人类与细菌的特殊博弈中，人类是超级细菌的幕后推手，而抗生素的滥用是直接"导火索"。

　　总而言之，人类与细菌的这场战争是一场持久战，要想人类不被细菌所打败，就必须源源不断地发现新的抗生素，而且医生必须合理地对病人使用抗生素才是上上策！

第五章　细胞的一生

细胞是生命活动的基本单位，世间万物都是由细胞或细胞类物质构成的，我们人体也是这样。众所周知，我们每一个人，都会经历从出生到成熟再到死亡的过程。人体内的细胞也不例外，人体内每时每刻都有许多细胞繁殖新生，更换衰老死亡的细胞。有些细胞还发生癌变，它们是怎样发生的呢？赶快出发，和牛牛一起揭晓细胞的生命历程吧。

牛牛大讲堂

细胞的繁殖——细胞分裂

细胞增殖是生物体的重要生命特征，细胞以分裂的方式进行增殖。单细胞生物，以细胞分裂的方式产生新的个体；多细胞生物，以细胞分裂的方式产生新的细胞，用来补充体内衰老和死亡的细胞；同时，多细胞生物可以由一个受精卵，经过细胞的分裂和分化，最终发育成一个新的多细胞个体。出生的婴儿不过3公斤左右，而成年后有几十公斤，这都是细胞分裂的功劳。植株的生长也靠细胞分裂。

细胞分裂使植物生长

细胞的增殖是生物体生长、发育、繁殖以及遗传的基础。细胞增殖是生活细胞的重要生理功能之一，是生物体的重要生命特征。那么细胞是如何进行增殖的呢？

细胞增殖的方式：真核生物的分裂依据过程有三种方式，包括有丝分裂、无丝分裂、减数分裂。其中有丝分裂是人、动物、植物、真菌等一切真核生物中的一种最为普遍的分裂方式，是真核细胞增殖的主要方式，减数分裂是生殖细胞形成时的一种特殊的有丝分裂。下面给大家分别介绍这三种细胞分裂方式。

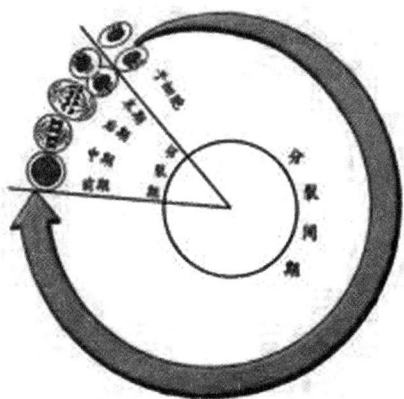

1. 有丝分裂。

有丝分裂，又称为间接分裂，特点是有纺锤体染色体出现，子染色体被平均

有丝分裂细胞周期

分配到子细胞，这种分裂方式普遍见于高等动植物（动物和高等植物）。

分裂具有周期性。即连续分裂的细胞，从一次分裂完成时开始，到下一次分裂完成时为止，为一个细胞周期。

一个细胞周期包括两个阶段：分裂间期和分裂期（这两个阶段所占的时间相差较大，一般分裂间期占细胞周期的90%~95%；分裂期大约占细胞周期的5%~10%。细胞种类不同，一个细胞周期的时间也不相同）。分裂期又分为分裂前期、分裂中期、分裂后期和分裂末期。细胞在分裂之前，必须进行一定的物质准备。细胞增殖包括物质准备和细胞分裂整个过程。

（1）分裂间期。

有丝分裂间期分为G1、S、G2三个阶段，其中G1期与G2期进行RNA（即核糖核酸）的复制与有关蛋白质的合成，S期

动物细胞的有丝分裂

进行DNA的复制。其中，G1期主要是染色体蛋白质和DNA解旋酶的合成，G2期主要是细胞分裂期有关酶与纺锤丝蛋白质的合成。在有丝分裂间期，染色质没有高度螺旋化形成染色体，而是以染色质的形式进行DNA（即脱氧核糖核酸）单链复制。有丝分裂间期是有丝分裂全部过程的重要准备过程，是一个重要的基础工作。

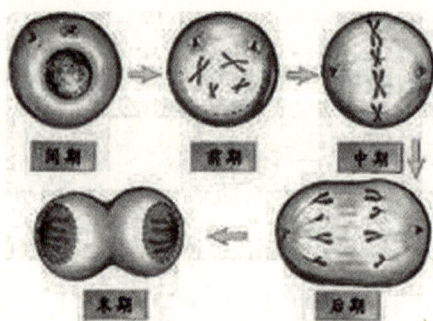

（2）分裂期。分裂期分为前期、中期、后期、末期四个阶段。

前期：自分裂期开始到核膜解体为止的时期。间期细胞进入有丝分裂前期时，核的体积增大，由染色质构成的细染色线逐渐缩短变粗，形成染色

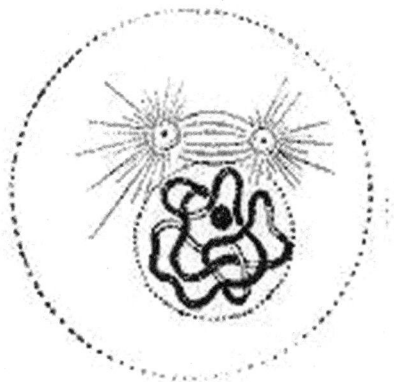

细胞分裂前期

体。因为染色体在间期中已经复制，所以每条染色体由两条染色单体组成。核仁在前期的后半渐渐消失。在前期末核膜破裂，于是染色体散于细胞质中。动物细胞有丝分裂前期时靠近核膜有两个中心体。每个中心体由一对中心粒围绕它们的亮域，称为中心质或中心球所组成。由中心体放射出星体丝，即放射状微管。带有星体丝的两个中心体逐渐分开，移向相对的两极。这种分开过程推测是由于两个中心体之间的星体丝微管相互作用，更快地增长，结果把两个中心体（两对中心粒）推向两极，而于核膜破裂后终于形成两极之间的纺锤体。

核膜破裂后染色体分散于细胞质中。每条染色体的两条染色单体分别通过着丝点与两极相连。由于极微管和着丝微管之间的相互作用，染色体向赤道面运动。最后各种力达到平衡，染色体乃排列到赤道面上。

中期：从染色体排列到赤道面上，到它们的染色单体开始分向两极之前，这段时间称为中期。有时把前中期也包括在中期之内。中期染色体在赤道面形成所谓赤道板。从一端观察可见这些染色体在赤道面呈放射状排列，这时它们不是静止不动的，而是处于不断摆动的状态。中期染色体浓缩变粗，显示出该物种所特有的数目和形态，因此有丝分裂中期适于做染色体的形态、结构和数目的研究，适于核型分析。中期时间较短。

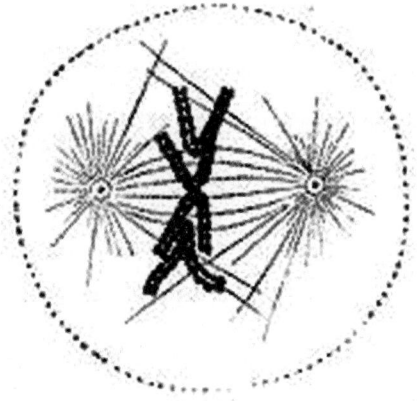

有丝分裂中期

后期：每条染色体的两条姊妹染色单体分开并移向两极的时期。分开的染色体称为子染色体。子染色体到达两极时后期结束。染色单体的分开常从着丝点处开始，然后两个染色单体的臂逐渐分开。当它们完全分开后就向相对的两极移动。这种移动的速度依细胞种类而异，大体上在0.2～5微米/分之间。平

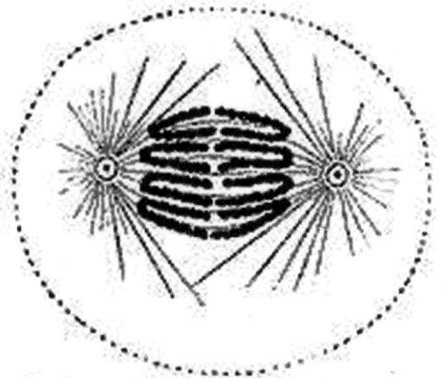

有丝分裂后期

均速度为1微米/分。同一细胞内的各条染色体都差不多以同样速度同步地移向两极。子染色体向两极的移动是靠纺锤体的活动实现的。

末期：从子染色体到达两极开始至形成两个子细胞为止称为末期。此期的主要过程是子核的形成和细胞体的分裂。子核的形成大体上是经历一个与前期相反的过程。到达两极的子染色体首先解螺旋使轮廓消失，全部子染色体构成一个大染色质块，在其周围集合核膜成分，融合而形成子核的核膜。随着子细胞核的重新组成，核内出现

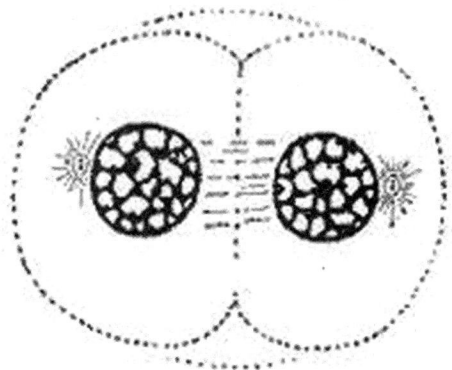

有丝分裂末期

核仁。核仁的形成与特定染色体上的核仁组织区的活动有关。

高等植物细胞的胞质分裂是靠细胞板的形成。在末期，纺锤丝首先在靠近两极处解体消失，但中间区的纺锤丝保留下来，并且微管增加数量，向周围扩展，形成桶状结构，称为成膜体。与形成成膜体的同时，来自内质网和高尔基体的一些小泡和颗粒成分被运输到赤道区，它们经过改组融合而参加细胞板的形成。细胞板逐渐扩展到原来

的细胞壁乃把细胞质一分为二。细胞质中的有关细胞器，如线粒体，叶绿体等不是均等分配，而是随机进入两个子细胞中。细胞板由两层薄膜组成，两层薄膜之间积累果胶质，发育成胞间层，两侧的薄膜积累纤维素，各自发育成子细胞的初生壁。

动物细胞有丝分裂的过程，与植物细胞的基本相同。不同的特点是：

（1）动物细胞有中心体，在细胞分裂的间期，中心体的两个中心粒各自产生了一个新的中心粒，因而细胞中有两组中心粒。在细胞分裂的过程中，两组中心粒分别移向细胞的两极。在这两组中心粒的周围，发出无数条放射线，两组中心粒之间的星射线形成了纺锤体。

（2）动物细胞分裂末期，细胞的中部并不形成细胞板，而是细胞膜从细胞的中部向内凹陷，最后把细胞缢裂成两部分，每部分都含有一个细胞核。这样，一个细胞就分裂成了两个子细胞。

有丝分裂的重要意义，是将亲代细胞的染色体经过复制（实质为DNA的复制）以后，精确地平均分配到两个子细胞中去。由于染色体上有遗传物质DNA，因而在生物的亲代和子代之间保持了遗传性状的稳定性。可见，细胞的有丝分裂对于生物的遗传有重要意义：

（1）维持个体的正常生长和发育（组织及细胞间遗传组成的一致性）；

（2）保证物种的连续性和稳定性（单细胞生物及无性繁殖生物个体间及世代间的遗传组成的一致性）。

2. 无丝分裂。

无丝分裂是最早发现的一种细胞分裂方式，早在1841年就在鸡胚的血细胞中看到了。

无丝分裂的过程比较简单，一般是细胞核先延长，从核的中部向内凹进，缢裂成为两个细胞核；接着，整个细胞从中部缢裂成两部分，形成两个子细胞。因为在分裂过程中没有出现纺锤丝和染色体的变化，所以叫做无丝分裂。

无丝分裂在低等植物中普遍存在，在高等植物中也常见。高等植物营养丰富的部位，无丝分裂也很普遍。如胚乳细胞（胚乳发育过程愈伤组织形成）、表皮细胞、根冠，总之薄壁细胞占大多数。人体大多数腺体都有部分细胞进行无丝分裂，主要见于高度分化的细胞，如肝细胞、肾小管上皮细胞、肾上腺皮质细胞等。蛙的红细胞、蚕的睾丸上皮细胞进行无丝分裂。

关于无丝分裂的问题，长期以来就有不同的看法。有些人认为无丝分裂不是正常细胞的增殖方式，而是一种异常分裂现象；另一些人则主张无丝分裂是正常细胞的增殖方式之一，主要见于高度分化的细

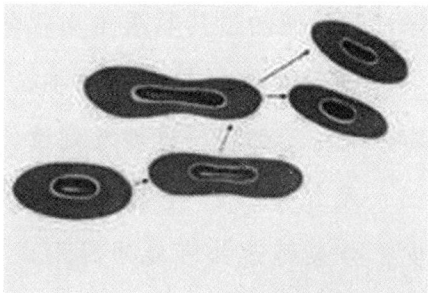

蛙红细胞的无丝分裂

胞，如肝细胞、肾小管上皮细胞、肾上腺皮质细胞等。

这种分裂方式常出现于高度分化成熟的组织中，如蛙红细胞的分裂，在某些植物的胚乳中胚乳细胞的分裂等。这里要注意的是：蛙的红细胞是无丝分裂，但不能依此类推，认为人的红细胞是无丝分裂。哺乳动物的红细胞已永久失去分裂能力，哺乳动物的红细胞是通过骨髓中造血干细胞分裂产生的细胞，再分化发育而来的。

无丝分裂的早期，球形的细胞核和核仁都生长。然后细胞核进一步生长呈哑铃形，中央部分狭细。最后，细胞核分裂，这时细胞质也随着分裂，并且在滑面型内质网的参与下形成细胞膜。在无丝分裂中，核膜和核仁都不消失，没有染色体和纺锤丝的出现，当然也就看不到染色体复制的规律性变化。但是，这并不说明染色质没有发生深刻的变化，实际上染色质也要进行复制，并且细胞要增大。当细胞核体积增大一倍时，细胞核就发生分裂，核中的遗传物质就分配到子细胞中去。至于核中的遗传物质DNA是如何分配的，还有待进一步的研究。无丝分裂不能保证母细胞的遗传物质平均地分配到两个子细胞中去。

由于无丝分裂比较简单，分裂后遗传物质不一定能平均分配给子细胞，这涉及到遗传的稳定性等问题。

无丝分裂具有独特的优越性，比有丝分裂消耗能量少；分裂迅速并可能同时形成多个核；分裂时细胞核保持正常的生理功能；在不利条件下仍可进行细胞分裂。

3. 减数分裂。

减数分裂是生物细胞中染色体数目减半的分裂方式。不同于有丝分裂和无丝分裂，减数分裂仅发生在生命周期某一阶段，它是进行有性生殖的生物性母细胞成熟、形成配子的过程中出现的一种特殊分裂方式。减数分裂过程中染色体仅复制一次，细胞连续分裂两次，两次分裂中将同源染色体与姐妹染色体均分给子细胞，使最终形成的配子中染色体仅为性母细胞的一半。受精时雌雄配子结合，恢复亲代染色体数，从而保持物种染色体数的恒定。

减数分裂不仅是保证物种染色体数目稳定的机制，而且也是物种适应环境变化不断进化的机制。

（1）减数分裂的过程。

减数分裂可以分为两个阶段，间期和分裂期，其中分裂期又分为减数第一次分裂期（减一），减数第二次分裂期（减二）。

细胞分裂前的间期，进行DNA和染色体的复制，染色体数目不变，DNA数目变为原细胞的两倍。

减数第一次分裂：

前期：减一前期同源染色体联会形成四分体，细胞内的同源染色体进行配对，这一现象称作联会。由于配对的一对同源染色体中有4条染色单体，称为四分体。

中期：各成对的同源染色体双双移向细胞中央的赤道板，着丝点成对排列在赤道板两侧，细胞质中形成纺锤体。

后期：由纺锤丝的牵引，使成对的同源染色体彼此发生分离，并分别移向两极。

末期：到达两极的染色体又聚集起来，重现核膜、核仁，然后细胞分裂为两个子细胞。这两个子细胞的染色体数目，只有原来的一半。重新生成的细胞紧接着发生第二次分裂。

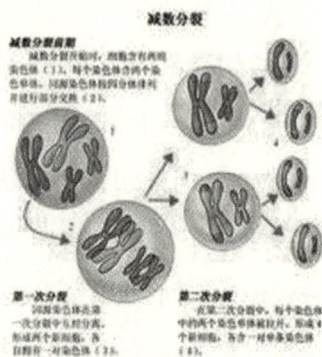

减数分裂图解

减数第二次分裂：减数第二次分裂与减数第一次分裂紧接，也可能出现短暂停顿。染色体不再复制。每条染色体的着丝点分裂，姐妹染色单体分开，分别移向细胞的两极，有时还伴随细胞的变形。

前期：染色体首先是散乱地分布于细胞之中。而后再次聚集，核膜、核仁再次消失，再次形成纺锤体。

中期：染色体的着丝点排列到细胞中央赤道板上。注意此时已经不存在同源染色体了。

后期：每条染色体的着丝点分离，两条姐妹染色单体也随之分开，成为两条染色体。在纺锤丝的牵引下，这两条染色体分别移向细胞的两极。

末期：重现核膜、核仁，到达两极的染色体，分别进入两个子细胞。两个子细胞的染色体数目与初级精母细胞相比减少了一半。至此，第二次分裂结束。

（2）减数分裂的生物学意义。

减数分裂是遗传学的基础。具体表现在：

（1）在减一分裂过程中，因为同源染色体分离，分别进入不同的子细胞，故在子细胞中只具有每对同源染色体中的一条染色体。减数分裂中同源染色体的分离，正是基因分离定律的细胞学基础。

（2）同源染色体联会时，非姐妹染色单体之间对称的位置上可能发生片段交换，也就是父源和母源染色体之间发生遗传物质的交换。这种交换可使染色体上连锁在一起的基因发生重组，这就是染色体上基因连锁和互换定律的细胞学基础。

细胞的分化

我们知道，人体都是由一个受精卵生长发育而来的，最终形成了皮肤细胞、白细胞、肌肉细胞等各种不同的细胞，从而形成了不同的组织和器官，它们各司其

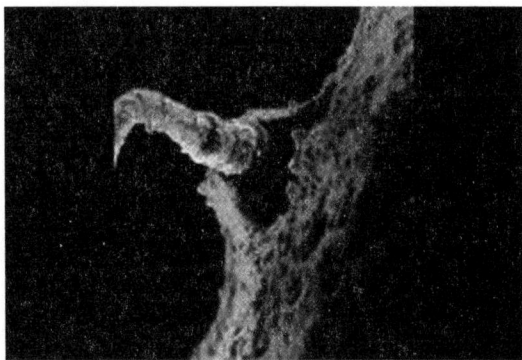
女性卵细胞受精电镜图

职。想一想，仅仅有细胞分裂能做到吗？

细胞分裂是产生同种细胞，是一个量的增加，要形成

不同的细胞还必须通过细胞分化。

细胞分化就是由一种相同的细胞类型经过细胞分裂后逐渐在形态、结构和功能上形成稳定性差异，产生不同的细胞类群的过程。例如植物的输导组织、保护组织、营养组织。

1. 细胞分化的特点。

①持久性：细胞分化贯穿于生物体整个生命进程中，在胚胎期达到最大程度。

②稳定性和不可逆性：一般来说，分化了的细胞将一直保持分化后的状态，直到死亡。

③普遍性：生物界普遍存在，是生物个体发育的基础。

正常情况下，细胞分化是稳定、不可逆的。一旦细胞受到某种刺激发生变化，开始向某一方向分化后，即使引起变化的刺激不再存在，分化仍能进行，并可通过细胞分裂不断继续下去。

但大量科学实验证明，在植物细胞中高度分化的植物细胞仍具有发育成完整植株的能力，即植物细胞的全能性。在动物细胞中，部分细胞（有细胞核）也有此能力。

胚胎细胞在显示特有的

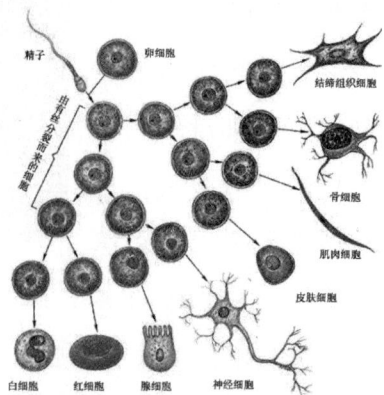

细胞的分化示意图

保护组织

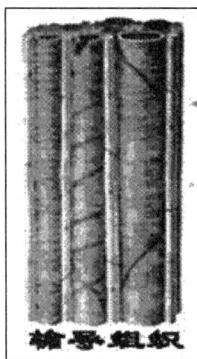

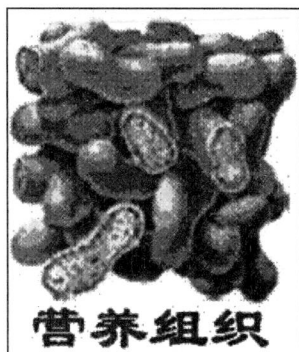

植物的各种组织

输导组织

营养组织

形态结构、生理功能和生化特征之前，需要经历一个称作决定的阶段。在这一阶段，细胞虽然还没有显示出特定的形态特征，但是内部已经发生了向这一方向分化的特定变化。细胞在整个生命进程中，在胚胎期分化达到最大限度。

2. 细胞的分化潜能。

受精卵能够分化出各种细胞、组织，形成一个完整的个体，所以把受精卵的分化潜能称为全能性。随着分化发育的进程，细胞逐渐丧失其分化潜能。从全能性到多能性，再到单能性，最后失去分化潜能成为成熟定型的细胞。

植物的枝、叶、根都有可能长成一株完整的植株，细胞培养的结果也证明即使高度分化的植物细胞也可以培养成一个完整的植株，因此可以说绝大多数植物细胞具有全能性。

在人的一生中，皮肤、小肠和血液等组织需要不断地

更新，这个任务是由干细胞完成的。干细胞是一类具有分裂和分化能力的细胞，多能干细胞可以分化出多种类型的细胞，但它不可能分化出足以构成完整个体的所有细胞，所以多能干细胞的分化潜能称为多能性。单能干细胞来源于多能干细胞，具有向特定细胞系分化的能力，也称为祖细胞。

全能干细胞：由卵和精细胞的融合产生受精卵。而受精卵在形成胚胎过程中四细胞期之前任一细胞皆是全能干细胞，具有发展成独立个体的能力。也就是说能发展成一个个体的细胞就称为全能干细胞。

多能干细胞：只能分化成特定组织或器官等特定族群的细胞（例如血细胞，包括红血细胞、白血细胞和血小板）。

单能干细胞：只能产生一种细胞类型；但是，具有自我更新属性，将其与非干细胞区分开。

万用细胞——干细胞

分化后的细胞，往往由于高度分化而完全丧失了再分化的能力，这样的细胞最终将衰老和死亡。然而，动物体在发育的过程中，体内却始终保留了一部分未分化的细胞，这就是干细胞。

干细胞又叫做起源细胞、万用细胞，是一类具有自我更新和分化潜能的细胞。可以这样说，动物体就是通过干细胞的分裂来实现细胞的更新，从而保证动物体持续生长发育的。

根据干细胞所处的发育阶段分为胚胎干细胞和成体干细胞。根据干细胞的发育潜能分为三类：全能干细胞、多能干细胞和单能干细胞。

1. 胚胎干细胞。

当受精卵分裂发育成囊胚时，内层细胞团的细胞即为胚胎干细胞。胚胎干细胞具有全能性，可以自我更新并具有分化为体内所有组织的能力。早在1970年MartinEvans已从小鼠中分离出胚胎干细胞并在体外进行培养。而人的胚胎干细胞的体外培养直到最近才获得成功。

进一步说，胚胎干细胞（ES细胞）是一种高度未分化细胞，它具有发育的全能性，能分化出成体动物的所有组织和器官，包括生殖细胞。研究和利用ES细胞是当前生物工程领域的核心问题之一。ES细胞的研究可追溯到上世纪五十年代，由于畸胎瘤干细胞（EC细胞）的发现开始了ES细胞的生物学研究历程。

目前许多研究工作都是以小鼠ES细胞为研究对象展开的，如：德美医学小组在去年成功的向试验鼠体内移植了由ES细胞培养出的神经胶质细胞。此后，密苏里的研究人员通过鼠胚细胞移植技术，使瘫痪的猫恢复了部分肢体活动能力。随着ES细胞研究的日益深入，生命科学家对人类ES细胞的了解迈入了一个新的阶段。在1998年末，两个研

究小组成功的培养出人类ES细胞，保持了ES细胞分化为各种体细胞的全能性。这样就使科学家利用人类ES细胞治疗各种疾病成为可能。然而，人类ES细胞的研究工作引起了全世界范围内的很大争议，出于社会伦理学方面的原因，有些国家甚至明令禁止进行人类ES细胞研究。无论从基础研究角度来讲还是从临床应用方面来看，人类ES细胞带给人类的益处远远大于在伦理方面可能造成的负面影响，因此要求展开人类ES细胞研究的呼声也一浪高似一浪。

2. 成体干细胞。

成年动物的许多组织和器官，比如表皮和造血系统，具有修复和再生的能力。成体干细胞在其中起着关键的作用。在特定条件下，成体干细胞产生新的干细胞，或者按一定的程序分化，形成新的功能细胞，从而使组织和器官细胞保持生长和衰退的动态平衡。过去认为成体干细胞主要包括上皮干细胞和造血干细胞。最近研究表明，以往认为不能再生的神经组织仍然包含神经干细胞，说明成体干细胞普遍存在，问题是如何寻找和分离各种组织特异性干细胞。成体干细胞经常位于特定的微环境中。微环境中的间质细胞能够产生一系列生长因子或配体，与干细胞相互作用，控制干细胞的更新和分化。

3. 造血干细胞。

生命科学是二十世纪发展最为迅猛的学科之一，已经成为自然科学中最引人注目的领域。造血干细胞移植技术的发现和应用为人类战胜疾病带来新的希望。

造血干细胞是指骨髓中的干细胞，具有自我更新能力并能分化为各种血细胞前体细胞，最终生成各种血细胞成分，包括红细胞、白细胞和血小板，它们也可以分化成各种其他细胞。它们具有良好的分化增殖能力，可以救助很多患有血液病的人们，最常见的就是白血病。

造血干细胞的干，译自英文"stem"，意为"树"、"干"和"起源"。类似于一棵树干可以长出树杈、树叶，并开花和结果等。通俗地讲，造血干细胞是指尚未发育成熟的细胞，是所有造血细胞和免疫细胞的起源。因此是多功能干细胞，医学上称其为"万用细胞"，也是人体的始祖细胞。

造血干细胞有两个重要特征：其一，高度的自我更新或自我复制能力；其二，可分化成所有类型的血细胞。造血干细胞采用不对称的分裂方式：由一个细胞分裂为两个细胞。其中一个细胞仍然保持干细胞的一切生物特性，从而保持身体内干细胞数量相对稳定，这就是干细胞自我更新；而另一个则进一步增殖分化为各类血细胞、前体细胞和成熟血细胞，释放到外周血中，执行各自任务，直至衰老死亡，这一过程是

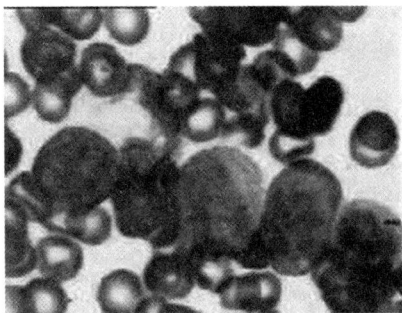

造血干细胞

不停地进行着的。

造血干细胞是血细胞
（红细胞、白细胞、血小板
等）的鼻祖，是高度未分化
细胞，具有良好的分化增殖
能力，可以救助很多患有血
液病的人们（如白血病）。
造血系统原始细胞如出现

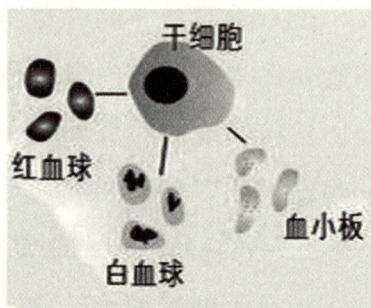

造血干细胞图示

恶性增生便形成白血病，而治疗白血病的方法就是将这些
恶性细胞全部杀灭。但是化疗不分敌我，在杀灭癌细胞的
同时也杀死了正常的造血干细胞，导致人体血细胞缺乏，
危及病人生命。为了让病人尽快恢复造血功能，挽救病人
的生命就需要输注造血干细胞，但如果两个人免疫标记相
差太大就会造成过强的排异反应，使得移植失败，病人死
亡。自体储存造血干细胞就可以避免这类情况的发生，在
小孩出生时期将脐带血或胎盘造血干细胞进行储存，当病
人本人需要移植，可直接到胎盘造血干细胞申请，用于自
身疾病的治疗。

细胞的衰老和凋亡

随着社会的发展，人民生活水平的提高，医疗的完善
等，人的寿命在延长，老年人的比例上升。那如何能延缓
衰老，保持身体健康显得尤其重要。

想一想

　　同学们，通过观察以下两幅图，你发现了老年人有哪些特点吗？

衰老症状	原因分析
皮肤干燥、发皱	细胞水分减少，体积减小
头发变白	细胞内的酶活性降低
老人斑	细胞内色素的累积
饮食减少	细胞膜通透性功能改变

　　对于人的一生来说，出生、衰老、死亡都是非常重要，活细胞也一样。衰老和死亡是细胞不可忽视的部分。

　　细胞衰老是正常环境条件下发生的功能减退，逐渐

趋向死亡的现象。衰老是生物界的普遍规律，细胞作为生物有机体的基本单位，也在不断地新生和衰老死亡。生物体内的绝大多数细胞，都要经过增殖、分化、衰老、死亡等几个阶段。可见细胞的衰老和死亡也是一种正常的生命现象。例如，人体内的红细胞，每分钟要死亡数百万至数千万之多，同时，又能产生大量的新的红细胞递补上去。

同新陈代谢一样，细胞衰老是细胞生命活动的客观规律。对多细胞生物而言，细胞的衰老和死亡与机体的衰老和死亡是两个不同的概念，机体的衰老并不等于所有细胞的衰老，但是细胞的衰老又是同机体的衰老紧密相关的。

> ### 小知识链接
> 个体衰老与细胞衰老的关系
> 单细胞生物：个体衰老＝细胞衰老
> 多细胞生物：个体衰老≠细胞衰老

1. 细胞的衰老。

细胞衰老的特征：

研究表明，衰老细胞的细胞核、细胞质和细胞膜等均有明显的变化：

①细胞内水分减少，体积变小，新陈代谢速度减慢；②细胞内酶的活性降低；③细胞内的色素会积累；④细胞内呼吸速度减慢，细胞核体积增大，核膜内折，染色质收

缩，颜色加深。线粒体数量减少，体积增大；⑤细胞膜通透性功能改变，使物质运输能力降低。

细胞衰老的原因：

自由基学说：衰老的自由基学说是Denham Harman在1956年提出的，认为衰老过程中的退行性变化是机体的组织细胞不断产生的自由基积累的结果。自由基是正常代谢的中间产物，其反应能力很强，可以引起DNA损伤从而导致突变，诱发肿瘤形成，可使细胞中的多种物质发生氧化，损害生物膜。还能够使蛋白质、核酸等大分子交联，影响其正常功能。

端粒学说：端粒学说由Olovnikov提出，认为细胞在每次分裂过程中都会由于DNA聚合酶功能障碍而不能完全复制它们的染色体，因此最后复制DNA序列可能会丢失，最终造成细胞衰老死亡。

端粒是真核生物染色体末端由许多简单重复序列和相关蛋白组成的复合结构，具有维持染色体结构完整性和解决其末端复制难题的作用。端粒酶是一种逆转录酶，由RNA和蛋白质组成，是以自身RNA为模板，合成端粒重复序列，加到新合成DNA链末端。在人体内端粒酶出现在大多数的胚胎组织、生殖细胞、炎性细胞、更新组织的增生细胞以及肿瘤细胞中。正因如此，细胞每有丝分裂一次，就有一段端粒序列丢失，当端粒长度缩短到一定程度，会使细胞停止分裂，导致衰老与死亡。

通过细胞衰老的研究可了解衰老的某些规律，对认识衰老和最终找到延缓衰老的方法都有重要意义。细胞衰老问题不仅是一个重大的生物学问题，而且是一个重大的社会问题。随着科学发展而不断阐明衰老的过程，人类的平均寿命也将不断地延长。

2. 细胞凋亡。

细胞凋亡是由细胞自身基因编程的一种主动的死亡过程，又常称为细胞编程性死亡。例如：个体发育中，蝌蚪尾巴退化，哺乳动物的指或趾间的细胞发生凋亡，形成正常的手或脚掌。

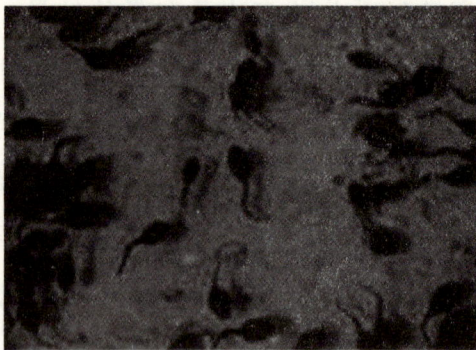

蝌蚪

青蛙

我们知道蝌蚪是两栖动物青蛙的幼虫，生长在水里。在这个阶段，蝌蚪是透过外部或内部的器官——鳃来呼吸的。在起初，它们是没有腿的，而是有一条鳍状般的尾巴，因此令它们能像大多数鱼类般横向波动地游水。当蝌蚪成熟了，它们开始蜕变，渐渐长出四肢，然后则透过细胞凋亡（控制细胞死亡）逐渐退化了它们的尾巴。

蝌蚪有尾巴是为了适应水中的生活，而成熟后尾巴消失则是为了更方便在陆上活动，如果尾巴依然存在，会给蛙类的行动带来不便。

细胞凋亡与细胞坏死不同，细胞凋亡不是一件被动的过程，而是主动过程，它涉及一系列基因的激活、表达以及调控等的作用，它并不是病理条件下，自体损伤的一种现象，而是为更好地适应生存环境而主动争取的一种死亡过程。

细胞凋亡的意义：

细胞凋亡和细胞增殖都是生命的基本现象，是维持体内细胞数量动态平衡的基本措施。在胚胎发育阶段通过细胞凋亡清除多余的和已完成使命的细胞，保证了胚胎的正常发育；在成年阶段通过细胞凋亡清除衰老和病变的细胞，保证了机体的健康。

牛牛趣味集

延缓衰老的方法

健康长寿是人类一直追逐的梦想。我们怎么做有益于永葆青春、延年益寿呢？

"问渠哪得清如许，为有源头活水来。"抗氧化剂

正是用来清除对引起衰老和许多疑难病症的源头——自由基。所以说，延年益寿的最佳方案是长期不断地摄入天然抗氧化剂来消除自由基。

天然抗氧化剂主要是指水果和蔬菜中所含的抗氧化剂。所有水果和蔬果中都含有极高的天然抗氧化剂，如维生素A、C、E、P、多酚等。茶叶中也含有天然抗氧化剂，如多酚等。研究表明：水果和蔬菜中的天然抗氧化剂具有保护效果。天然抗氧化剂可以帮助人类预防心脏病和癌症等多种疾病，并能增进脑力，延缓衰老。除此之外想要延年益寿需要多做户外运动，饮食要少荤多素。

人的最高寿命是多少？

每个人都希望自己能够延年益寿、永葆青春，但是，人的生命是有一定限度的，没有人能够长生不老。同学们，你身边有年纪大的百岁老人吗？你想过自己能活到多少岁吗？

究竟人的寿命有多长，这是一个非常复杂的问题。寿命的长短是受多种因素影响的，如它与先天禀赋的强弱、后天的给养、居住条件、社会制度、经济状

百岁老人

分裂的恶性增殖细胞。

那么癌变细胞与正常细胞有哪些不同呢?

癌细胞的特征:

1. 无限恶性增殖;

2. 形态结构异常;

3. 细胞膜异常, 膜上糖蛋白减少, 细胞容易分离、扩散和转移。

那么是什么引起细胞癌变, 为什么有的人比别人容易患癌症呢? 这就需要了解引起细胞癌变的因素了。

引起细胞癌变的因素有: 物理致癌因子 (如X射线等各种辐射)、化学致癌因子 (如烟中的尼古丁)、病毒致癌因子 (各种可引发癌变的病毒)

经常接触以上致癌因子的人容易患癌症。因此, 在日常生活中我们要尽量避免接触物理的、化学的、病毒的等各种致癌因子。同时, 要注意增强体质, 保持心态健康, 养成良好的生活习惯, 从多方面积极采取防护措施。

致癌的黄曲霉素

生活中我们有时候可以看到, 有些食品由于存放不当会发生霉变, 比如霉变的大米和花生。霉变的食物对人体健康危害极大, 都不宜再食用, 因为凡是霉变的食品都有可能存在黄曲霉素。那么, 黄曲霉素是什么物质, 对人体有什么危害呢?

人类的平均寿命正逐渐向天年靠拢，以前讲"人生七十古来稀"，而现在则有"八十不为老，七十不算稀，六十正当年，五十小弟弟"的说法。

人的寿命是受很多错综复杂的因素影响的，任何单一因素，对某一个人来说，可能是决定性的因素，但是，对每个人来说，只能看成重要的因素，甚至不是有关因素。例如，生活在环境优美地区中的人，有些人成为长寿老人，生活环境对这些长寿老年人影响很大，但是，并不是生活在环境优美地区的每一个人都能长寿，寿命受遗传、运动、饮食等诸因素的影响。因此，应该从综合性的角度来看待每一个有利于长寿的因素和不利因素，只要大家都来创造对健康长寿的有利因素，克服不利的因素，人人都可以争取健康长寿。

细胞癌变

近年来，死于癌症的人越来越多。肺癌、肝癌、胃癌、乳腺癌等已经不是什么新鲜的名词了。提起癌症，大家都会神情紧张。那么，你知道癌症是怎么发生的吗？原来癌症是由于细胞癌变引起的。我们知道，目前还没有研究出根治癌症的特效药和方法，但是我们可以通过健康饮食和健康生活的方法预防癌症。

细胞癌变是指有的细胞由于受到致癌因子的作用，不能正常地完成细胞分化，而变成了不受控制的、连续进行

的次数是有规律的，到一定阶段就出现衰老和死亡。这与细胞分裂的次数和周期有关。二者相乘即为其自然寿命。海尔弗利的具体实验情况是这样的：他将胎儿的细胞放在培养液中一次又一次地分裂，一代又一代地繁殖，但当细胞分裂到50代时，细胞就全部衰老死亡。他又在大量实验资料的基础上，提出根据细胞分裂的次数来推算人的寿命，而分裂的周期大约是2.4年，照此计算，人的寿命应为120岁。鸡的细胞分裂次数是25次，平均每次分裂的周期为一年零两个月，其寿命为30年；小鼠细胞的分裂次数是12次，分裂周期为3个月，其寿命为3年。

还有一种观点，是根据哺乳动物的性成熟期推算寿命。根据生物学的规律，最高寿命相当于性成熟期的8~10倍，而人类的性成熟期是13~15岁，据此推测人类的自然寿命应该是110~150岁。

以上三种推算方法不尽相同，但是无论哪种推算方法，其结果都表明，人的寿命应该在百年之上。事实上，古今中外长寿老人活到百岁的不乏记载，甚至活到150岁以上的也不罕见。我国唐代医学家甄权、孙思邈和王冰都活到百岁开外，而且还能读书行医。四川绵竹县的老中医罗明山，1980年5月，他适值113岁时，每天还看6小时的门诊，能诊治40多位病人。苏联有一部影片，记录了曾被誉为"地球之祖"的穆斯利莫夫，167岁时还精力充沛地整修花园、划船、骑自行车的情景。近代的不少资料都已说明，况、医疗卫生条件、环境、气候、体力劳动、个人卫生等多种因素的影响有关。各人自出生后，带着先天的遗传因素，经历社会因素的洗练，生物因素的干扰，特殊意外情况的遭遇，从而使寿命不尽相同。这些是否意味着人的寿命就深不可测呢？并非如此，人是宇宙万物的主宰，是一切物质文明和精神文明的创造者。通过不断地努力，人们总能够探索出长寿的规律，准确地算出寿命的长短。

　　长期以来，根据科学家们的细致观察，发现各种动物都有一个比较固定的寿命期限，也就是各有不同的自然寿命。这个寿命与各种动物的生长期或成熟期的长短有一定关系。例如，在哺乳动物中，狗的寿命是10～15年，其生长期为两年。猫的寿命是8～10年，其生长期为一年半。牛的寿命是20～30年，其生长期为4年。马的寿命是30～40年，其生长期为5年。骆驼的寿命是40年，其生长期为8年。科学家们经过了大量的统计研究，发现一般自然寿命为生长期的5～7倍。若按这个规律去计算，人的生长期为20～25年，其自然寿命则应为100～170岁。持上述观点的人以古希腊的亚里士多德为代表，他提出："动物凡生长期长的，寿命也长。"科学家巴风在此基础上提出一种"寿命系数"，即哺乳类动物的寿命应当为其生长期的5～7倍。以上所说是第一种计算寿命的方法。

　　第二种观点是美国学者海尔弗利在1961年提出来的。他根据实验研究发现动物胚胎细胞在成长过程中，其分裂黄曲霉素是由黄霉菌产生的真菌霉素，是目前发现的化学致癌物中最强的物质之一，主要损害肝脏功能并有强烈的致癌、致畸、致突变作用，能引起肝癌，还可以诱发骨癌、肾癌、直肠癌、乳腺癌、卵巢癌等。

黄曲霉菌广泛存在于土壤中，菌丝生长时产生毒素，孢子可扩散至空气中传播，在合适的条件下侵染合适的寄生体，产生黄曲霉毒素。

黄曲霉素主要存在于被黄曲霉素污染过的粮食、油及其他制品中。例如黄曲霉素污染的花生、花生油、玉米、大米、棉籽中最为常见，在干果类食品如胡桃、杏仁、榛子、干辣椒中，在动物性食品如肝、咸鱼以及在奶和奶制品中也曾发现过黄曲霉素。

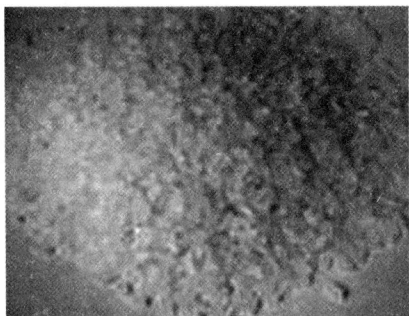

霉变的大米

黄曲霉素分布范围很广，凡是受到能产生黄曲霉素霉菌污染的粮食、食品和饲料都可能存在黄曲霉素。如被人和动物食用，就会造成黄曲霉素中毒。黄曲霉素对动物的肝、肾、大脑和神经系统等均会引起病变。据报道，黄曲霉素含量在1毫

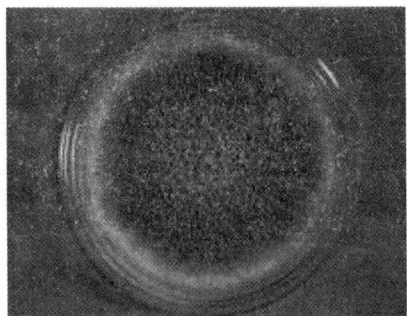

黄曲霉菌

克/公斤可诱发癌症。1毫克/公斤含量相当于1吨粮食中只有1粒芝麻大的黄曲霉素。

我国规定大米、食用油中黄曲霉毒素允许量标准为10微克/公斤，其他粮食、豆类及发酵食品为5微克/公斤。婴儿代乳食品不得检出。而世界卫生组织推荐食品、饲料中黄曲霉毒素最高允许量标准为15微克/公斤。30~50微克/公斤为低毒，50~100微克/公斤为中毒，100~1000微克/公斤为高毒，1000微克/公斤以上为极毒，其毒性为氰化钾的10倍，为砒霜的68倍。

黄曲霉素具有比较稳定的化学性质，它对热不敏感，100℃/20小时也不能将黄曲霉素完全去除，只有在280℃以上高温下才能被破坏。

黄曲霉素主要中毒症状为恶心、呕吐、黄疸、肝区疼痛、胃肠大出血而死亡，对于这种毒素，最好的防治方法是预防粮食等食物的霉变。由于黄曲霉素在整批粮食中的

黄曲霉素存在于被污染的花生

黄曲霉素

污染分布不均匀，烹饪前剔除霉变的粮粒显得尤为重要，要把霉烂、长毛的花生、豆类及时捡去。

为了防止产生黄曲霉素，平时存放粮油和其他食品时必须保持低温、通风、干燥、避免阳光直射，不用塑料袋装食品，尽可能不囤积食品，注意食品的保存期，尽可能在保存期内食用。此外，不吃霉坏、皱皮、变色的食品。

改正可能导致癌症的不良生活习惯

> **想一想**
>
> 同学们，癌症现在已经严重威胁着人类的健康了。那么在自己和家人的日常生活中，今后应该如何预防癌症？

世界癌症研究基金会多年来致力于癌症的基础、临床以及癌症预防等方面研究，总结了全世界在癌症领域的研究成果，提出了具有广泛科学依据的从膳食和健康方面预防癌症的方法：

1. 不要抽烟，或者戒烟。抽烟的人有一半会死于与抽烟相关的疾病，其中很多是癌症。

2. 合理安排饮食。在每天的饮食中植物性食物，如蔬菜、水果、谷类和豆类应占2/3以上。

3. 控制体重，避免过轻或过重。

4. 坚持体育锻炼。如果工作时很少活动或仅有轻度活动，每天应有约1小时的快走或类似的运动量。每星期至少还要进行1小时出汗的剧烈活动。

5. 多吃蔬菜、水果。每天应吃400～800克果蔬，绿叶蔬菜、胡萝卜、土豆和柑橘类水果防癌作用最强。每天要吃五种以上果蔬，且常年坚持，才有持续防癌作用。

6. 不吃烧焦的食物、直接在火上烧烤的鱼和肉或腌肉、熏肉只能偶尔食用。

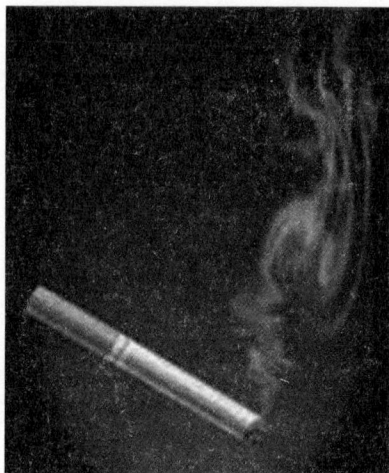

预防癌症的食物

俗话说："病从口入"，想要保持健康，饮食非常重要。这里告诉大家一些可以预防癌症的食物。

1. 牛奶和酸奶含钙和维生素D，在肠道内能与致癌物质相结合，清除其有害作用。酸奶能抑制肿瘤细胞的生长。

2. 茶中含儿茶素，能清除体内的放射性物质。放疗病人经常饮茶有益康复。启菱草茶中的启菱草含有启菱草甲素、启菱草乙素和迷迭香酸3种主要活性成分，具有显著的抗癌变及抑制扩散的作用。

3. 新鲜蔬菜如胡萝卜、萝卜、瓠果、茄子、甘蓝等，含有干扰素诱导物，能刺激细胞产生干扰素。这种物质可以增强病人对疾病和癌瘤的抵抗力。但它易受加热的影响而被破坏，因此以上食物以生吃为好。许多研究都证实大蒜具有防癌抗癌能力，大蒜中的脂溶性挥发性油能激活巨噬细胞，提高机体的抗癌能力；还含有一种含硫化合物，也具有杀灭肿瘤细胞的作用。葱头也能抗癌，可能是含有谷胱甘肽以及多种维生素的缘故，对淋巴瘤、膀胱癌、肺癌和皮肤癌等均有防御作用。

4. 海产品可用作恶性肿瘤病人的治疗食品。海藻类有效成分主要是多糖物质和海藻酸钠。海藻酸钠能与放射性锶结合后排出体外。常吃海带、紫菜等食品对身体有益。鲨鱼的软骨能抑制肿瘤生长，鱼翅有抑制肿瘤向周围浸润的能力。鱼类中含有丰富的硒、锌、钙、碘等无机盐类，对抗癌也是有益的。

牛奶、茶、蔬菜水果

5. 真菌食品中的灵芝含有多糖物质和干扰素诱导剂，能抑制肿瘤。香菇对胃癌、食道癌、肺癌、宫颈癌有一定的疗效。金针菇也具有同样的功效，对肿瘤有抑制作用。猴头菇对胃癌有疗效，可延长病人的生存期，提高免疫力。银耳对癌瘤有抑制作用。近年发现茯苓中90%的B茯苓聚糖可增强免疫功能，有抗癌瘤的作用。

如何治疗癌症

世界卫生组织曾经有一份调查数据表明，当代社会在因病死亡中，癌症已成为导致人类死亡的第一杀手，且癌症的发病率仍在持续升高中。目前，比较常用的治疗方法有切除、放疗、化疗，这些治疗方法，在杀死肿瘤细胞的同时，也会对正常机体造成极大的损害，副作用很大。

癌症早期并且癌病灶没有转移的患者采用：手术切除。

对于癌病灶已经转移的患者采用：化学疗法、放射线疗法和免疫疗法。

1. 化学疗法主要利用抗癌剂杀死癌细胞。常用的抗癌剂有细胞分裂抑制剂、细胞增殖蛋白合成的抑制剂等。最佳的疗法是多种抗癌剂混合使用。

海产品

2. 放射线疗法是使用高能X射线或γ射线集中照射患者患病部位，杀死癌细胞。这主要利用射线对细胞DNA的损伤作用。此方法不适用于病灶范围已经扩散的患者。

3. 免疫疗法主要通过提高机体免疫能力，特别是通过增殖和活化T淋巴细胞，增强机体免疫系统抵抗癌组织的能力。

图书在版编目（CIP）数据

神奇的细胞/姚宝骏，郭启祥主编. –南昌：百花洲文艺出版社，2012．2
（自然科学新启发丛书）
ISBN 978–7–5500–0309–5

Ⅰ．①神… Ⅱ．①姚…②郭… Ⅲ．①细胞–青年读物②细胞–少年读物
Ⅳ．①Q2–49

中国版本图书馆CIP数据核字（2012）第030696号

神奇的细胞

主　　编　　姚宝骏　郭启祥

本册主编　　尚小龙

出 版 人　　姚雪雪
责任编辑　　毛军英　胡志敏
美术编辑　　彭　威
制　　作　　张诗思
出版发行　　百花洲文艺出版社
社　　址　　南昌市阳明路310号
邮　　编　　330008
经　　销　　全国新华书店
印　　刷　　江西新华印刷集团有限公司
开　　本　　787mm×1092mm　1/16　　印张　11
版　　次　　2012年3月第1版第1次印刷
字　　数　　120千字
书　　号　　ISBN 978–7–5500–0309–5
定　　价　　18.70元

赣版权登字 –05–2012–26
邮购联系　0791–86894736
网　　址　http://www.bhzwy.com
图书若有印装错误，影响阅读，可向承印厂联系调换。